蔡活麟
——
著

經營
補習社
思維課

從**創業**到**守業**，**18**篇掌握經營補習社法則

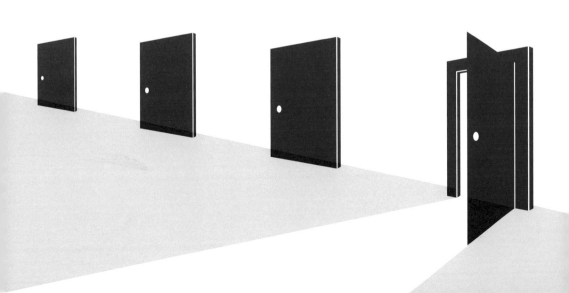

作者簡介

蔡活麟

　　智仁卓越教育中心創辦人，曾就讀於南屯門官立中學，畢業於香港城市大學。2018 年修畢支援特殊學習需要學生課程。於 2019 年修畢浸會大學兒童心理學課程。同年再修畢於中文大學舉辦的催眠課程，一直兼職催眠師，同時間亦是一名商人、補習老師及作家。

　　早年曾於一所香港大型連鎖電訊商任經理一職。2017 年創立智仁卓越教育中心，富有商業社會工作、管理及教育經驗。

補習社的初衷

我開辦智仁卓越教育中心的初衷,是希望創辦一家既能於商業世界營運,又能實現自己想法的平台。

每個人每天都會接收相當大的資訊量,來自同輩、師長及傳媒,如何才能避免人云亦云?獨立及批判性思考至為重要,凡事最先學懂從正反兩方面起始,繼而多角度思考,避免偏頗,最後要學懂代入別人的看法。

這不是三言兩語能夠說明白及體會到的,這是長期的生活智慧,所以要長時間陪伴學生成長才能實現。看着學生們由初小步入高中,他們轉換過不同的班主任、不同的學校,但仍然由我負責任教,對於我來說,除了是一份責任,亦是一份感情。他們偶爾會遇到開心與不開心的事,我會以自己小時候的心態,結合後來的人生經驗與他們分享。

這是一間很特別的補習社,我經常主張學生們多點出外去玩,溫習時間不用長,專注就好。亦經常叫家長多些帶子女外出,讓他們建立自己的社交圈子,由他們自己去安排時間。當然不是所有家長都同意我們的做法,但以這種方式成長的學生,他們的自理能力及抵抗逆境的能力相當高,長大後更能面對種種挑戰,遇到挫折亦可勇敢地重新站起來。

前言

我是商人，同時間又是一名補習老師。

小時候曾經有幾個理想的職業，還記得小學三年級作文的時候，又是最老土的題目——我的志願。我想成為一名老師，升上中學後，又想成為一名商人，相信很多舊同學還記得我這個志願，因為我到處跟別的同學宣揚。到正式踏足社會十多年後，發現原來有一個職業可以滿足這兩個願望，就是自己經營補習社。

當年還未從香港城市大學畢業，就和幾個同學在九龍灣開了一間足球精品店，算是一個開始吧？當年沒有什麼經驗，只勉強維持了半年便關門大吉。後來又過了一年半，和一名朋友合資在深圳東門開了一間服裝店。對於經營一盤生意，當年想法還是非常簡單，只懷着滿腔熱血，但對於各種營運的預算做得很差，面對逆境時又不知變通，不到半年後又把這盤生意轉讓出去了。經過這兩次創業的經驗，痛定思痛，十年生聚，十年教訓。

後來我在香港一間大型電訊公司由低層做起，很快便晉升為管理層。經過十年的時間，經歷了很多剛畢業時完全沒有考慮過的情況，當我回望這一段經歷時，每一個困難的地方，都是一個學習的機會。我很感謝當年對我施壓，壓迫我，甚至乎討厭我的人，每一個困難的經歷都給了我一個寶貴的學習機會。我在電訊公司工作的後期，更晉升為經理，擁有了面對客戶、管理及營業店舖的經驗，而且當年比較年青，容易接收新事物、新經驗，亦虛心改變自己過去固有的做法及心態，令到自己在這段期間獲得了非常寶貴的管理及與客戶溝通的經驗，為後來創立補習社埋下穩固的基礎。

　　我非常幸運得到蘇先生及蘇太的幫助，他們有二十多年營運補習社的經驗，並帶我入行開補習社，蘇先生本身亦正在繼續經營他的補習社，他用這寶貴的經驗帶我入行，令我這個當年對經營補習社一頭霧水的門外漢，獲得了寶貴的創業入場券。

　　萬事起頭難，萬丈高樓從地起。回想剛開業的時候，特別是補習這個行業，不是你打開門就馬上有學生來補習的，學生需要一個一個地累積，有幸蘇先生及蘇太一直從旁協助，令補習社在數個月內便收支平衡，後來盈利更拾級而上。當年剛開業的第一批學生，有一個由小學三年級便在本中心開始補習的小女孩，現在都已經讀到中四了，真的是陪伴着學生們一起長大。後來把握疫情期間，百業蕭條的機遇，順利擴充業務，以低價收購同業，得到寶貴的擴充機會。在收購的同時，不斷觀察及反思別人為什麼會失敗，一直在警惕自己「別人犯的錯誤，自己千萬不可以犯下」。後來公司終於開放了加盟的業務，招攬其他加盟者加盟補習社。不久之後，就開始萌生起一個念頭，希望將自己的經驗分享出來，便立下決心，要完成這本《經營補習社思維課》，希望給有意入行、準備創業，或正在營運補習社中但遇到困難的讀者。更甚者，想自己補習社業務蒸蒸日上的人，一起分享營運補習社這門學問。

　　在寫這本書前，我一直警惕自己，寫一本教人成功的書和寫一本小說有很大的區別，一本教人成功的書，切記冗長。我自少很喜歡看書，各類書籍包括心理學、宇宙學、催眠、易經、小說、投資理財、科技、兵法、古籍和歷史等等，我都很喜歡。我明白對於讀者來說，最容易放棄一本書的原因，就是那本書實在太過冗長，重複又重複仍然未說到重點，所以我提醒自己要儘量簡約，我希望可以用最簡約的文字，將我全部可分享的經驗都分享給大家。只要一本書夠簡約，讀者才有機會重新再看一遍。在此，我希望把此書獻給對經營補習社有興趣及理想，想以自己的理念肩負起教育擔子的人。我甚至乎鼓勵讀者們，在看書的同時，可以拿起熒光筆，把你

認為的重點標記起來。在經營補習社的不同階段，總會遇上相似的情況，到時自己再翻看的時候，就會有另外一番體會。在寫書之前，我想起古時孫武的《孫子兵法》——我第一本走進書店購買的文言文書籍，全書只有約六千字，卻能名垂千古，言簡意精，我實在十分佩服。

全書總結為十八篇，希望可以幫到你成就一番事業。

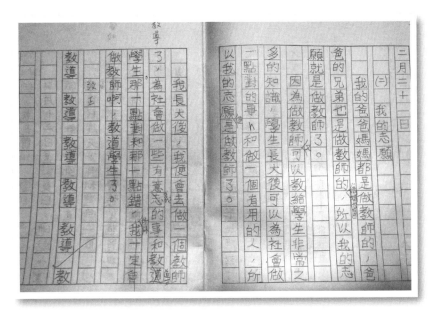

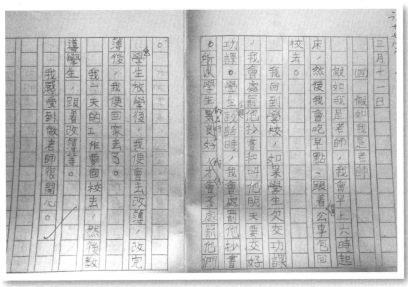

*上圖兩篇文章皆源自於我小學三年級時,慶幸還在,
可以和各位讀者分享。

目錄

準備創業前

第一　戒掉拖延症

　　首先想一想，自己心理及財務上是否真的準備好？因為創業和打工真的很不一樣，你要走出你的舒適區（Comfort Zone），失去固定的薪金收入，一個錯的決定可能令到你的生意大受影響，甚至覆滅。每一年、每一月、每一天都面臨着同業的競爭及不斷的生意起伏，人家說創業難，守業更難。我營運補習社多年之後，對這種說法有深刻的體會。作為一名商人，最重要的是執行力，而要有強勁的執行力，就必須戒掉拖延症這個問題。每個人或多或少總會有一點拖延的問題，但面對你即將創辦的這間補習社，絕不可以有，甚至乎你聘請的員工也會或多或少有拖延症，但你不可以容許自己有，拖延症對於一名商人來說，就等同癌症一樣，眼見很多失敗的例子就是老闆自己本身已經有拖延症，明白卻又不去解決。如果你沒有十足的決心及堅毅的意志去戒掉拖延症並持之以恆的話，你現在就可以合上這本書，不必浪費時間再看下去了。

　　「方法往往很簡單，持之以恆很難，放棄很容易。」——這就是大部分人未能取得重大成功的原因，他們可能有聰慧的頭腦，高超的洞察力，非凡的智慧，但他們皆輸給了時間，未能堅持下去，最終選擇了最簡單的出路——放棄，然後再找一個藉口給自己，就完結了。

第二　準備充裕的流動資金

經營補習社（臺灣通常稱為補習班）是一門種樹的生意，跟茶餐廳或其他服務性行業不同，其他行業可能一開業的時候，客人覺得新鮮，就馬上生意興隆、客似雲來，新鮮感過後才面臨挑戰。但經營補習社不同，補習社需要一點一點地慢慢收學生，然後想盡辦法降低流失率，只要收生的數目超過流失學生的數量，補習社的學生就會不斷累積增加。所以補習社對比其他行業來說，守業期更長，但如果自己所經營的補習社可以包含一名學生整個學習週期（包括由幼兒一直到高中畢業），中間長達十多年的時候，收獲還是頗豐富的，不單止金錢，還包括心靈上。傳統學校每完成一週期，由小學升上中學，學生就要離開了，但補習社不同，只要你地方上及能力許可，你可以陪伴學生一起成長，補習社成為了學生其中一個充滿回憶的地方。現在我還會和一些中學補習生說笑：「還記得小時候，由於要背乘數表，被我罰留堂，然後哭嗎？」

除此之後，千萬別有一個想法──可於一、兩個月內達到收支平衡，加盟大型連鎖店也不可能做到，所以要有心理準備，除了開業的時候要不斷思考宣傳的手法，還要有充裕的流動資金，別讓補習社的初期虧損對自己的生活造成壓力。人在受壓下，更會影響發揮，所以要有充足的虧損心理準備。另一方面，補習社亦是一門很容易計算及預計到營業額的行業，每名學生學費是多少，再乘以學生數量，就能得出營業額。一間租金合理，而老闆又會親自下場教授的補習社，一般要達到收支平衡，其實只需要十到二十名學生就已經可以了。如果沒有發生重大不愉快事件，收到的學生一般會繼續補下去，所以補習社是一門每月都會產生現金流的生意。跟地區性食肆不一樣，如果重複消費的食客不足（食厭了），生意就會開始下滑。反之，如果新學生及家長覺得補習社能帶給他們子女學業

上的進步，能解決家長的教學煩惱，就會形成良好的口碑。在良好的口碑及口耳相傳之下，學生的數量就會開始加速上升。

第三　不要找親朋戚友加入補習社幫忙

通常創業者在開展一門生意的時候，馬上就想起要找親朋戚友加入幫忙。我告訴你，這個想法真的很差。找親朋戚友加入雖然可以馬上解決招聘的困難，但如果你那麼快便叫親朋戚友加入幫忙的話，你的補習社規模便很難做大，我及後會再詳細說明。我當年都犯過相同錯誤，親朋戚友的加入，會影響公司的決策及營運能力，降低公司的靈活性。只有透過公開渠道招聘的員工，才可以加快你的效率。試想想，後來一名新員工加入你公司成為補習老師，但公司內已有老闆的親朋戚友存在，老闆很難完全做到公平公正，這樣子，優質的員工很容易流失，因為他們很難培養到歸屬感，只有工作能力稍為偏低的員工會繼續留下，因為他們本來在職場上就選擇不多。員工做錯你可以責備，表現不好可以施壓，這樣才能大大加強補習社的營運能力及質素。

反之，我看到身邊的例子，如果兩夫妻都對同一門生意有相關能力及經驗的話，夫妻反而是一對很好的搭檔，因為夫妻本身在家裏也已經有相處經驗。當然，一切還是要建基於雙方有相近的理念，否則的話，這裏就變成一個吵架的地方。夫妻一定要分工仔細，其中一名要成為主要的領導者，另一名則是主要輔助者。而我的情況，經過評估，最終選擇了獨個兒經營。

第四　思考自己有相關經驗嗎？

　　想經營好補習社，你必須要有心理準備，自己一定要親自下場教授。你自己不單要負責收生、與家長溝通、營運及會計，還要負責親自教授補習學生。套用回我自己以前在電訊業的經驗，如果當經理的不善於銷售，員工怎能心悅誠服，你說的話怎具說服力？所以你要成為一名成功的補習社老闆，必須要準備好自己親自下場教授，不只要教得好，還要是全補習社教得最好的那位。這樣你才有機會把你的經驗，以具說服力的姿態分享給你招聘回來的老師及兼職員工，令他們不得不從。

　　如果你只打算成為一名投資者的角色，只在前枱負責接待和管理。這是一個很危險的決定，通常補習社迅速倒閉的原因，就是老闆抱有這種心態——這些經營不善者在想：我聘請一個前枱接待，再聘請一名老師就可以了，這種模式最終結果只會導致經營狀況極差，而且老闆沒有親自下場教授，對課室內的補習起不到指導作用，當面臨困境時，根本完全想不出扭轉營運的途徑。

　　如果你已經有心理準備自己親自下場教授了，就想想自己有沒有相關且必須的經驗。補習社這行業，不只你要教得好，而且要和學生相處，要和家長溝通，要管理課堂秩序，要懂得宣傳，要懂得基本會計，要有良好的客戶服務等等各種技能，所需要的絕對是多樣性技能（Multi-skills），你聘請的員工可以不需要同時擁有多樣性技能，最重要是員工教得好，其次是願意長期做下去，不會抱着騎牛覓馬的心態工作。我在聘請員工的時候，首先考慮的不是他們有沒有教育的相關經驗，當然有教育經驗會好點，學業成績也不可以太差，但最重要的是客戶服務的經驗。因為書本上的知識可以累積，但是不擅長面對客戶（即家長）就比較難改變，所以往往有客戶服務經驗的求職者，我會優先考慮。

如果你已經有足夠的心理準備，我們就準備去下一篇，為補習社選址。

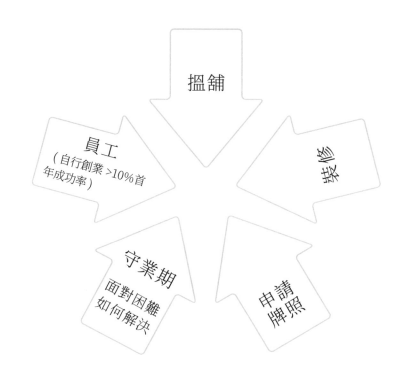

創業面對的困難

搵舖

裝修

申請牌照

守業期
面對困難
如何解決

員工
（自行創業 >10%首
年成功率）

補習社選址學問

說到為補習社選址，確是一門學問。這選址的心得，也是我經過自己多年觀察，慢慢把經驗累積而來的，我們就直接進入重點吧。

第一　選址的位置必須要鄰近小學

小學附近就是剛性需求聚集的地方，最理想的位置是鄰近小學之餘又不必使用交通燈橫過馬路（即有行人隧道或行人天橋為佳），四周環境既安全，又方便，這樣子家長才會放心讓子女獨自前來補習社。至於是不是鄰近大型屋苑反而是其次，因為一般家長傾向於讓小孩放學就直接前來補習社，而當你的補習社鄰近某些小學，才會較易累積到大量該學校的教材、了解該校的出題模式及更為熟悉該校的運作及安排，當你對該校甚為了解時，家長更會放心讓子女前來補習。

鄰近學校，即確保有穩定及龐大的潛在學生。主觀角度容易墮入一個盲點，以為大型屋苑就有很多潛在學生。事實上，很多失敗的例子就是墮了這個盲區，如果你找一個落成年代已很久的屋苑，可能該屋苑年齡層已老化，小孩的數目根本不多；如果你找一個新落成的屋苑，很多住戶可能根本還沒有小孩，潛在學生亦十分稀少。

而且，鄰近大型屋苑而不是鄰近學校的話，補習社所收的學生就會分散於不同的學校，當經營者面對大量分散於不同學校的學生

時，無論核對功課、模擬試卷的適合度、對該些學校的熟悉程度等，都不會十分了解，難以把補習社規模做大。此外，家長見到自己小孩的同校學生只佔少數，黏性就會降低（容易流失到熟悉該校的補習社），所以一定要以鄰近某些小學為主。

> 臺灣的情況：
>
> 　　我偶爾也會去臺灣，我十分喜歡臺灣當地待客以誠及濃厚的人情味。當然對於我自己經營的補習行業也十分感興趣，每到當地都會留意不同的補習班。我發現臺灣的補習同業往往深明此道，直接把補習班開在學校附近。通常地舖收生及人流更佳，而選在樓上舖則環境更為安靜，租金亦更便宜，各有利弊。

第二　不需要人流很旺盛的地方

　　補習社是口碑的生意，龐大的人流並不是必須，反而人流旺盛的地方會導致租金昂貴，補習社實際的補習時間並不長，難以承受昂貴的租金，所以選址在商場或街上比較偏僻及靜的地方亦可，當然不要過分偏遠。如果該商場或該位置有大量其他補習社的話，亦無不妥。試想想，一年裏有那麼多次考試，每當學生成績不好，家長總會留意其他補習社，看看能不能有其他選擇能在學業上幫到他們的子女。假使補習社選址位置鄰近大量其他補習社，在競爭激烈的同時，如果你對自己經營的補習社有充足的信心，其質素較其他補習社為佳的話，新開業後的守業期有機會變短，因為附近已有大量潛在的學生。反之，如果你信心不足，就不要找補習社集中地，但凡補習社集中地，最少30%，甚至更多的補習社並不是在盈利中，所以補習社的轉手率也高，經營不善很快就會倒閉。沒有時間讓你學習，補習質素稍為不良就容易造成不良口碑，所以容錯空間較少。

　　此外，儘量避免找樓上舖（即補習社位於商業大廈內，必須乘搭電梯才能到達），如果找這種樓上舖，雖然租金會較為便宜，轉讓費亦往往會較低，但壞處是很難有足夠人流來查詢補習課程，幾乎只可以全靠口碑及網上宣傳，這會令到補習社在剛開業的時候，會比其他位於商場的補習社更顯困難。

　　實話實說，如果你一直有經營不同的生意，有機會跟不同商場的租務部有聯繫，這樣你為補習社選址相對地會容易許多，租務部也會偶爾向你推介一些合適的位置，如你本來正在經營其他業務，商場租務部會更願意讓有商業營運經驗的租客承租。反之，如你是全新入行，之前並沒有營商經驗，直接去找不同商場的租務部，租務部的回覆可能會較為冷淡，更甚者，如果同一個店舖有數個潛在的租客，通常租務部都會選擇自己熟悉或較有營商往績的租客而非一個毫無經驗的客戶。除非找地產經紀幫忙，否則毫無經驗者找連鎖的加盟補習社就相對有優勢，加盟的連鎖補習社會有接觸不同商場租務部的經驗，他們會和租務部有長期及良好的聯絡及合作關係，會更容易找到比較理想的店舖給予加盟者。

第三　對於初入行者，頂手轉讓可能是更佳選擇

　　頂手轉讓要看準時機，轉讓方的定價可以十分具有彈性，絕對要多留意不同的機會，正所謂貨比三家。當轉讓方（賣方）把轉讓資訊放到網上或其他經紀處轉讓，越接近租約期滿，因害怕轉讓不出，轉讓方願意降價的機會亦更大，如未能在租約期滿前成功轉讓出，他們可能還要花錢把補習社的裝修拆卸還原（視乎租務部或業主而定，大型商場或管理公司會要求把店舖還原，私人業主則未必會）。所以，要瞄準機會出手，然後表達誠意及大幅議價。當然你可以同時和多間轉讓補習社方議價，比較誰的議價空間較大。

　　轉讓補習社還有一個重要優勢，就是可以節省巨額的裝修費用，而且教育牌照一般亦可以轉讓給承讓人（買方），免除繁複的申請手續。當然，有一點要十分留意，就是上一手補習社為什麼要轉讓給你？他們一定是經營遇到困難，即長期維持於收支平衡甚至虧蝕的狀態，你在選址的同時，更要分析他們失敗的原因。

　　我個人在尋找不同位置開設分校時，一定會分析上手失敗的原因：

1. 透過交談分析原老闆的性格，看看他是否屬粗枝大葉之人，未能做到心思慎密。

2. 分析原老闆的補習社經營模式，通常都是存在巨大問題，例如對方說話技巧很差，以致難以收生，或感覺到他的對答難以吸引家長報名，又或是原補習社的課程缺乏獨到之處，例如這間補習社的課程皆是平平無奇，毫無賣點可言。

3. 上網搜尋相關原補習社有沒有什麼負面評語。

　　只要你歸納到上手失敗的原因，而你又有決心做得比他更好的話，或是已想到改善的方法，這宗轉讓就可以繼續進行了。

　　如屬新手入行的話，我建議選擇轉讓會比較划得來。如果你是選擇加盟連鎖補習社，你可以一邊留意轉讓，一邊直接和不同商場的租務部聯絡。最緊要貨比三家，千萬別因一時衝動而妄下決定。

第四　別找面積過小的店舖

你可以在選址的同時，進入店舖內察看環境，估計同一時段，此店舖最多可以容納多少學生，然後代入以下公式：

（鄰近補習社每名學生學費）×（店舖內最高可容納學生數）
＝總學費收益

再考慮店舖租金及其他相關因素，這樣就很容易地計算到，招收多少學生可以取得收支平衡。如果你計算到星期一至五，即使坐滿學生亦只是僅僅能夠覆蓋租金開支的話，這個地方根本就不適合開補習社，要預計只容納了三分之一的學生的時候，已經可以覆蓋所有租金開支，這樣才有機會繼續考慮。

　　而臺灣更有補習班面積限制，設立補習班班舍總面積不得少於約 70 平方公尺，教室總面積不得少於約 30 平方公尺，平均每一位學生所佔空間不得少於 1.2 平方公尺。

別小看裝修及教育牌照的重要性

第一　門前裝修最重要

對比十年、二十年前，現在走在街上，會看到新式的補習社越來越注重門前裝修。包括我公司各間分校在內，發光招牌或發光燈箱必不可少，門前射燈都是必須的。

真實案例（收購分校）

在此先和大家分享一個真實案例。我公司第二間分校在第一間主校不遠處，當年該舖位還未被我收購之前，是一間頗大型的加盟連鎖補習社。我常常路過時見到該補習社烏燈黑火，陰陰沉沉，裏頭沒多少學生，後來我寫了一封收購信，放入門縫內說明我想收購的意欲。果然負責人在不久後就聯絡我。經過一輪商討，便接受了我的收購。

我在收購過程中才發現，該補習社用的竟然是發光招牌（但從來不開燈），門前有一排射燈（亦是從來不開），連內裏的空調亦經常不開，用冷風機代替（我聽學生說的）。我收購完後只是換了招牌的帆布面，然後把全部燈長期打開，營運首月已有盈利，四個月內已全部回本，這間分校紀錄亦是我所有分校中最快回本的紀錄，至今未有其他分校能打破。電費確是貴了點，但那燈火通明的搶眼效果，令旁邊的其他補習社黯然失色。

* 這所分校我頂讓後花了港幣二萬二千元裝修，前後用了兩天，首重門前光線充足及招牌搶眼。

* 這所分校更只花了港幣兩萬元裝修，在疫情期間把握機會收購，亦在門前加設射燈及發光招牌。

＊這所就是我的第一間補習社，從清水吉舖（全無裝修）
租入，十年多前花了港幣三十多萬裝修，當年未有經驗，
及後一直未再增加門前燈光及發光招牌，屬最舊式裝修。

第二　必須申請教育牌照

　　如果想擴大補習社規模，建議必須要申請教育牌照。根據香港
教育條例，同一時間向八人或以上提供補習課程，或同一天向二十
人或以上提供補習課程，就必須申請註冊教育牌照。

　　臺灣則為對外招生五名以上，並收取費用，就要向直轄市、
縣（市）主管教育行政機關申請。

不申請教育牌絕對是因小失大。在競爭激烈的社會裏，往往當你生意好的時候，別的補習社就會看不過眼，來告發你。絕無誇張，此類事件屢見不鮮，所以為保障自己，務必領取教育牌照。

教育局的網頁有詳細講解如何申請教育牌，但對於經營者來說，非常複雜，還是交給專家吧！教育牌照的申請還要兼顧防火條例等因素，不是專門為補習社裝修的行家，難以申請到手。坊間上有一些裝修公司會保證成功代為申請臨時教育牌照，可以找那些公司幫忙，亦有一些公司可以給予申請教育牌照的建議及代辦手續，他們會完成補習社內部的裝修設計圖，你只要拿着設計圖去交給價格相宜的裝修承辦商就可以了。

第三　要貨比三家

有一個道理永不會錯，就是貨比三家（三家算少了，我一般貨比五、六、七家），特別是裝修這個行業，海鮮價的問題非常誇張，同一張設計圖去不同的公司報價，上下的價錢可能相差一倍至數倍，而他們的說法差不多，總會向你訴說自己已經很便宜，做工與別不同等等，千萬別相信，還是多找幾家比較一下價錢吧。

聘請裝修公司一般都是先付訂金，再根據完工進度分期付款直至工程完全完結。裝修公司的誠信很重要，因為可能很多地方要做修補工作，如誠信或態度不佳，溝通上就會很麻煩。

真實案例（裝修）

當年想擴充業務，由於受疫情反復影響，認為除了補習社外，應把業務多元化，其中一個嘗試便是開格仔舖，當時向某商場租務部申請（最終沒有獲批，做生意就是這樣，經常發生），其中有位朋友介紹了一個裝修承辦商給我，和我自己一直用開的那個裝修承辦商相比，他的報價足足貴了四倍有餘（由港幣數萬元變為接近二十萬元），都是同一個設計圖來的。所以，即使是朋友介紹，也千萬別完全接受，因為你的朋友可能已被「劏」了。

買發光招牌也是同樣，當年我補習社第三間分校，由於商舖設計問題，安裝不到發光招牌，改為在大門側用發光招牌燈箱，同一尺寸，報價由最低港幣三千多元到最貴一萬八千多元，最後我選擇了最便宜的那個，該燈箱至今仍沒壞。

第四　更快捷方便——轉讓

當然，還有另外一個更簡單的方法——加盟連鎖補習社，他們會給予你適當的建議，免卻你為申請教育牌照而苦惱。此外，還有個更加快捷的方法，上一篇亦有提及，你可以透過頂手轉讓補習社，直接把上手補習社的教育牌照轉讓到自己手上，此方法相對地比較簡單及方便，通常你在談轉讓的時候，那價錢你要指明一定要把教育牌照包括在內。但在這裏，有一點要提醒大家，在香港教育局轉讓教育牌照是一個比較複雜的手續，必須由轉讓方（即賣家）及承讓方（即買家）雙方共同寫一封信到教育局去申請相關轉名手續，而教育局有機會就個別用字及格式對你的申請予以否決。

　　請完成轉讓牌照手續才付尾期款項。關於這一點，千萬要小心，當轉讓補習社的時候一定要分期付款，而把最後一期款項，指明在教育局通知你轉讓正式生效，吩咐你去教育局直接領取新教育牌照之後，才付尾期款項，因為如果中途有任何必須的修改，必須要雙方（即賣家及買家）再重寫一封信及再簽名，所以為免有任何爭執。我把這一點列在這裏，正正是因為我有相關不愉快經驗，雖然最終得以和平解決，但中途看盡人性之險惡。為保障自己，在此特意提醒各讀者。

　　臺灣經營者則可以委託公證人事務所，他們會給予專業的牌照申請建議，不怕自己勞心。而自行申請（例如：臺北）則可以透過臺北市政府市民服務大平臺裏，往教育局介面，選擇短期補習班申請立案，內裏會有完整流程及表格可供下載。

自營 VS 加盟

凡事都需「先謀而後動」，才不會顧此失彼。對於想選擇自營還是加盟，最主要還是看自己的條件而定。

第一　自營者需具備多方面技能

如果你曾經或正在任職補習老師，自問是一個擁有多方面技能（Multi-skills）的人，包括良好溝通技巧，受家長歡迎，能得到學生喜愛及尊重，有市場觸覺，能獨立自主工作，能推動任教的學生成績更進一步，亦有經驗兼顧有特殊學習需要的學生，兼且有管理及會計基礎。如具備以上條件，可考慮自營。自營不單止可以創立自己的品牌，還擁有極大的自主權，市場營銷全權由自己負責，定價由自己決定，宣傳及廣告可把自己的想法發揮得淋漓盡致，對於一個有才能的人來說，自營可以把自己的能力發揮至極限，是一件樂事。

補習社業務任何的好與壞，都與自己的決定有直接的關係，走錯一步棋，就要為自己的決定付上代價。但亦可以把自己的思維走出傳統的框架，完全發揮出來，從而把業務推上高峰，所以自營絕對適合極為有才能的人，而且想法要有前瞻性，遇事能預計到最可能發生的結果。

第二　獨自經營為佳

即使自己對以上各方面並不是樣樣皆精，但如身邊另一半可以互補長短，自營亦是一個合適的選擇。即使你不懂會計，只要你的另一半懂就可以了。我指的另一半以夫妻為佳，避免找兄弟姊妹或朋友合夥，除非你自認為長期與對方相處不會有任何的爭拗，否則以獨資為佳。

夫妻本身在同一個家庭內已相處慣了，在營運上除了可以多一個人分析每一項決定的得失外，夫妻間亦可互相商討，大幅降低獨自經營的心理壓力，當然，前提是夫妻合得來才好。

如果數個朋友合夥，小小的決定都要商討，久而久之每人有不同的意見，會大幅拖累公司營運效率，即使你本身有自己想法，亦未必可以100%付諸實行。而且補習社是一門入場門檻不高的生意，投入的資金根本不算太大，但經營上相當講求靈活性，所以如果夫妻是行不通的話，就以獨資經營為佳。合資除了能分擔資本開支外，另一個重要作用就是作為智囊團，以智慧共同達成目標。其實獨資經營亦可做到，關鍵在於自己要做到虛心納諫，及常常主動詢問其他員工的意見（如不是合伙關係，通常作為員工會較為被動），以公司的員工組成智囊團，亦可發揮共同智慧的效果。

第三　我身邊的經驗

當自身不具備全面的能力，只擁有部分的強項，就要考慮加盟的可能性。這些年來，我遇見過很多創辦補習社的人是由傳統學校走出來，他們有一定教學水準，但據我認識總共四位學校老師走出來創辦補習社，最終都難逃關門大吉的命運。我對這個奇怪的現象

作了一點思考及研究，我發現這四名由學校走出來的老師都不具備全面的能力，他們把學校的教育模式搬到補習社營運上，相當講求紀律，並以一名專業的教育工作者自居，在處理家長的意見及需求下出現了問題，以嚴厲的手法對待學生，沒有取得學生的愛戴及信任。

反而我又認識身邊有一名創立補習社的經營者，原本就是補習老師，他深懂補習社經營之道，最終自己所創立的補習社，多年屹立不倒，獲得學生及家長的讚許。當然，這些只是我身邊的經驗，沒有全面性，我只可以用自己有限的視角去推敲事情的全部真相，亦無意得罪任何人，只不過想和大家分享我身邊的經驗。

第四　補習費定價權

如果自身不具備多種技能，雖對經營補習社充滿興趣，但缺乏經驗，還是選擇加盟為妙。市面上有各式各樣的連鎖補習社，還是那句說話，貨比三家，不要馬上以加盟商的知名度作為唯一標準，通常越高知名度，代表他們的經營費用越高，而你自己，能當家作主的程度亦相當受限。

雖然我自己經營的補習社亦有收加盟店，但為了清楚了解同業的經營情況，我參加過不少加盟講座，發現每家補習社的加盟內容並不是大同小異，意外地差別頗大。首先就加盟費來說，最便宜由港幣數萬元至十多萬元，甚至高達二十多萬元都有。

而經營費用（即是以總學費抽取一個特定的百分比交給母公司）亦由最低的個位數百分比，至最高 40％ 都有。如面對太高的經營費用，即使連鎖商的知名度極高，能短時間內為加盟者帶來大量的查詢人流亦好，請儘量不要考慮。

在中、小學全日制的情況下，平日補習社實質補習中的時間並不長，平日每天就最多只有五至六小時左右，而且高峰時間只有兩至三小時，坐位及空間有限，如要交給連鎖總公司的經營費用太高，只代表你只是花金錢購買了一份工作，而且還要承受一定風險。當經營有道時，又要把大比例收到的學費交去連鎖總公司，然後又要花錢去交租發薪，自己便會所餘無幾，這又是何必？

另一點要注意的是，儘量選一家可以有自身定價權的加盟商。有一些加盟商要全部劃一價錢，不容許個別加盟者對價錢有任何的調整，亦不容許加盟者推出任何折扣或優惠，全部價錢要跟從加盟商規定。這樣會令到你（即加盟者）經營時的彈性大幅下降，無法以價錢來回應最新市場競爭情況，而連鎖總公司對特定課程的價錢調整，亦無法兼顧全部分校的情況，這樣只會大大削弱你的彈性。故沒有任何自主定價權的加盟商，請小心考慮。

第五　加盟商的迷思

有一點我自己曾經研究過，我觀察某間連鎖補習社過去數年的分店總數，蒐集了這所連鎖補習社每年開了多少店，發現了一個有趣的現象。某連鎖補習社（有開放加盟的），它以每年約五至七間的速度開店，但分校總數在過去五至六年反而減少了。

這代表了什麼？雖然這家連鎖加盟補習社每年約開五至七間新的分校，但是結束營運的總分校數目比新開的總分校數目還要多一點。這樣的連鎖加盟補習社，並未能將經營的成功經驗輸出至加盟者手上，只令到加盟者的金錢不斷地賠出去，小部分經營成功的加盟者，根本主要還是靠他們自身的能力，母公司未能給予合適的支援。

第六　教材並不是極重要，教學方法才是

很多加盟者首先注意到的便是連鎖補習社的教材。其實教材並不是最重要，每一間補習社都有自己的教材，即使是小型的自營店亦會有自己的教材，一本訂裝精美的教材，封面多吸引也好，並不會令學生成績大幅提升。

正如自古以來，多少將軍，千百年來多少人曾經讀過《孫子兵法》這本書？但這代表他們就懂得打仗了嗎？所以教材是死物，人才是生的，千萬別放錯重點在教材上，教學方法才是重點！

第七　考慮加盟商能給你什麼

連鎖補習社能幫你什麼？首先當然是招聘員工及收生，如以連鎖補習社的名義刊出的招聘廣告，所能吸引的求職者通常會比自營的小型補習社為佳，令招聘時對求職者的選擇也更多元化。

其次，如果連鎖補習社母公司具有一定良好的信譽，可以大大縮短守業期，比自營店能以更快的速度收生，但最重要的一點是，連鎖補習社母公司能否「教」你去經營一間補習社。

能否「教」你去經營一間補習社是最重要的，要看看他們有沒有定期到訪，分校主管們會不會定期會面，如果母公司只提供教材給你，任由你自生自滅，很容易便走上失敗之路。母公司絕對有責任去留意加盟者的經營情況，包括他們所面對的潛在問題，優質的連鎖補習社會偶爾派內部員工前往加盟者的分校去觀察分校經營情況，從而給予有建設性的建議及批評，令加盟者去改善。

　　前文已多次提及，補習社對經營者的能力要求十分高，對比開便利店、燒肉店等，便利店及燒肉店需要的是獨家的貨源渠道，而經營手法相對地比較機械化。而補習社則完全不同，貨源（即教材）反而是較為不重要的，重要的是「人」（即補習老師），因為良好的補習老師會對營運的成敗起了決定性的影響。我在面對自營分校經營問題時，往往更換一名主管就可把整個經營情況扭轉了，反之亦然，一名優異的主管離職會對分校業績造成巨大打擊。

第八　教學水平差異引至不同的口碑

　　補習社是一門口碑的生意，無論是好口碑也好，壞口碑也罷，很快便會傳遍出去，而且在這個資訊發達的年代，發生了任何不該發生的事，都會產生不良效果，特別在剛開業初期，如果未能有效及正確地處理學生及家長的需要，產生了不良口碑，便要花更久的時間重新出發。而且人往往在缺乏別人監管的情況下，表現會更為「走樣」，除非你自認為是一名自我紀律良好，執行能力高的人，否則一家會長期監察你經營狀況的連鎖補習社母公司，才能真正幫到你。

第 五 篇

開業前準備：器材、用品及定位

如何可達收支平衡

約 15 個學生

收入	$1820×15=27,300
租金	-$20,000
經營費	-$1,365
雜費	-$2,000
兼職人員薪金	-$2,640(60/ 小時)（每月 44 小時）

收 支 平 衡

（上圖以港幣計算，為最基本開支，不同地方租金分別甚大）

第一　預備開業初期的流動資金

　　由於開業初期必定要承受一段守業期，守業期間除了補習社營運上有機會持續虧損之外，自己個人的開支也會不斷消耗金錢儲備，所需準備的資金約如下：

（每月家庭開支＋補習社每月租金）×12 個月

＝開業備用流動資金（較保守準備）（9 個月為合理準備）

　　為何預留 9 至 12 個月即可？因為補習社是一門依靠口碑的行業，如果一年之後仍然虧損，已確認了本質上根本不適合繼續下去，應該止蝕。如果有盈利但不是很高，反而則應該依靠繼續積累經驗，慢慢把業務繼續提升。

> 　　而臺灣經營者必須向當地稅捐稽徵處申請統編扣繳，要辦理完後才能開始進行招生。而資金方面，臺灣補習班立案最少再準備一百萬新臺幣現金，除了申請補習班立案所需的規費約十至十五萬，另外有五十萬是補習班立案法規裏，政府規定要抵押在銀行的基金，不得挪用。

第二　器材及用品一般建議便宜為主

　　孩子們會令到一切器材及用品耗損變得很快。除了一般桌子可以透過大量訂購而有議價空間之外，一些教學物品例如電腦、教學用的平板電腦等等。可以考慮在一些二手網站購買，利用同樣的預算可以購買更多的設備，在二手網站上只需數百元便可購得一部平板電腦。

　　另一個比較大的開支就是影印機，一般來說有兩種選擇。第一，大多廣告都主打每月數百元月費，包含維修及碳粉，其實就等於在月供一部影印機，長期來說應該比購買一部二手影印機來得貴。如果購買一部二手影印機，一般不太舊且性能良好的，港幣一萬多至二萬多便可以，然後只需要負責購買碳粉，這樣每個月的成本便會下降。當然，我經常都是那句說話，就是貨比三家，特別二手的東西，差價還是挺大的。

第三　為補習社定位

為何我不把看似那麼重要的一環放在第一篇說呢？因為定位可能會錯誤，要有心理準備隨時要為了讓補習社活下去而修改。一般來說，定位大致可分為以下方向：

① 中、小學功課班為主，兼具專科班

生存空間最大，而且需求亦大，越低端的補習社抵抗逆境能力越強。在新冠疫情數年間，大量針對高中、專科的補習社倒閉，唯獨此類需求的補習社大量得以繼續生存。

而且，學生周期十分長，可以由小學一年級一直補習到高中畢業，周期可以長達十二年。

② 中學為主，走高端高中路線

聘請老師較難，最理想是老闆本人已可以親自勝任任教高中學生的職務，適合面積有限的補習社。而且只要經營得當及教學質素有保證，中學生一般能接受補習到較晚的時間，可以拉長營業時間增加收入。缺點是學生周期較短，要不斷收生才可彌補因學生中學畢業造成的流失。

③ 中、小學功課班為主，兼具各項興趣班

有彈鋼琴、各項手工興趣班及畫班等。可以多元化增加收入來源，缺點是感覺上較為不專注於學習，難以吸引大量中學生來補習。而且興趣班流失率往往十分高，要不斷策劃各式各樣的興趣班才可以維持收入。

④ 專科為主，不包含功課班或只有少量功課班，對象亦以幼兒及小學生為主

這種補習社極講求口碑，口碑不佳連收支平衡也會困難。但由於專科班學費更高，而且以逐科計算，如能造出良好口碑的話，收入會更高。這種補習社於轉讓中十分常見，就是造不出良好口碑，又沒有及時轉型，導致經營困難。

一般來說，只有自營才可以定位，選擇加盟的話並沒有定位權，甚至定價權亦未必有。最後作哪一種選擇，視乎個人能力及興趣而定，當然周圍競爭因素是最重要一環，如果周邊就以上特定一項（2、3 和 4 類）已有強勁的競爭對手，便不宜再作嘗試，除非你已有方法針對對方弱點去經營。否則，你應選擇第 1 類（中、小學功課班為主，兼具專科班），生存空間最大，學生周期亦最長。

第四　購買練習及蒐羅各項教材及答案

如果還是感到困難的話，請選擇加盟，加盟商會協助你處理好一切。

此外，另一個對於新手入行比較頭痛的重點，就是教材及核對功課、教功課用到的各種練習及答案。如果是數十年前，這的確是一個大麻煩，但到了今時今日資訊發達的年代，可以在二手網站內找到大量一般核對功課用的答案及二手書籍，價錢亦各不相同，找一個價格相宜去大量購買即可，然後便不用怕核對功課時沒有答案。至於教材方面，如果選擇加盟，加盟商就會提供你一切所需要的教材。如果是自行經營，可以選擇大型的出版社，然後加入做會員，

以補習社身份大量訂購補充練習，有折扣之餘，又不用逐本蒐羅，出版社會把一切你所需要的練習直接送上門，十分方便。有了補充練習，就可以準備你的教材。現在，已經可以準備開業及宣傳了。

開業

- 租（3個月）：$60,000-$120,000
- 裝修：$100,000-$300,000（包牌照）
- 傢具：$40,000-$50,000
- 儀器
- 電腦
- 影印機
- 加盟費：$20,000-$40,000

共支出約港幣 20 萬元至 40 萬元
* 視乎面積而定
* 未計算準備用資金

開業宣傳：口碑就是成功里程碑

　　補習社是口碑生意，所以剛開業的時候，要有一個心理準備，必定會有一個守業期。如果是加盟連鎖補習社，可以藉着加盟商的連鎖效應稍為提高一點知名度，縮短守業期。但最主要還是依靠補習社自身的教學質素、與家長溝通和與學生相處的技巧。香港有些大型連鎖加盟補習商，分校的數目長期徘徊在數十間之內，你會察覺到，他們每過數月便會開一間新分校，但幾年之後，分校的總數並沒有多少增加，這情況反映了什麼？就是開分校和關分校的速度相若。即使加盟者藉着加盟商的知名度縮短守業期，但因為經營不善，口碑轉差，很快便步入無利可圖的地步，成了難以扭轉的局面，導致倒閉。

　　試想想，你作為一名在補習社附近的居民，你剛看見一家新開的補習社，即使這家補習社半價學費十分吸引，但你總會向身邊的人查詢這家補習社實質如何？如果你很快便查詢到某朋友的的孩子在這裏補習，但是有不愉快的經驗，不良口碑就產生了。

　　補習和餐廳不一樣，餐廳只是吃一頓飯，如果味道不合自己口味，以後不去那裏吃就是了。但補習是一段時間的服務，少則數星期，多則最少一個月，家長這個補習決定是要持續接近一個月的，所以他向身邊的親朋戚友查詢口碑是很正常的事。

常見的補習社模式

補習社主要分為專科模式補習社（如上一篇所述，第2、3、4類），即是指專門補習特定科目，包括高中補習，基本不負責託管及功課輔導。另一種模式就是功課輔導班加專科補習雙軌並行的補習社（第1類），即是平日以功課輔導為主，專科班為副。至於星期六或週末的時候，就以專科班為主。在這裏，不同類型的補習社我都會論及。

在這要有充足的心理準備，開業首一兩個月內，儘量不可以鬧出不愉快的事件，與家長的溝通及學生關係的處理要保持一流的水準及小心的態度。而且，學生數量不會太多，理應比較容易處理各項投訴及家長的要求。另外一個要有心理準備的是，開業期內剛過來報名的家長，他們前來報名的原因，絕大部分可能是在前補習社遇上不快事件，甚至乎是價格敏感的類型。

現在談談開業宣傳。到底剛開業一個學生也沒有的時候，該作出怎樣的宣傳才好？這時候自營的補習社就顯出優勢，因為加盟商會有諸多限制，包括價錢限制及折扣限制等等。除非你的加盟商給予你較大的自由度，否則各項限制反而是一種負累。但是如果你是獨資經營的話，你就可以作出較為大膽的開業優惠，以下將論及我一些慣常的做法。

第一　新張期內報讀任何補習課程，首月半價

半價是一個很吸引的優惠，而且沒有二人同行那麼多考慮因素。學生或家長只要在上一間補習社有不愉快的經歷，見到只需要半價就可以嘗試另外一間補習社的補習服務，這對於家長來說的確是很

有吸引力。而且，只提供首月半價，到了第二個月，補習社就可以回復正常收費，對補習社的短期盈利打擊不是很大，而且可以藉此大量吸納學生報讀。當然，收生期也有季節性，一般來說，暑假尾聲約八月底至整個九月期間，是全年收生最好的一段時期，大量家長因為開學而需要為兒女尋找補習社。過了這一兩個月之後，就要等待每一次考試完結，又是另外一個查詢的小高峰，所以盡可能選擇於暑假前開業，有數個月再加上一個暑假來讓你慢慢摸索及學習營運細節，然後迎接九月這個高峰期。

第二　不要推出免費試堂

我對於免費試堂十分反感，免費試堂有很多不良的負面界外效應[1]。免費試堂的確容易吸引到一些家長來試堂，但免費試堂的流失率非常之高，可能十名學生來試堂，試完堂後有一半最終決定不報名，這對現有學生來說會造成一種負面心理影響。大部分孩子喜歡什麼都跟父母分享，他們大多會回去跟父母說，今天補習社又多了數個人來試堂，幾日後又跟爸爸媽媽說那些學生全部消失了，久而久之潛移默化之下，家長對補習社的觀感會下滑。

根據我長期對市場的觀察，長期營運狀況不理想，陷於虧蝕邊緣又無法以其他辦法扭轉局面的補習社，大多都會長期提供免費試堂。據我的經驗，千萬不要做免費試堂，此先例一開，就難以扭轉平價的形象，在不同的情況下（例如聖誕、復活、農曆年等），客人亦更有可能要求補習社給予其他優惠及折扣。如果家長對新開業的補習社相當有疑慮，連首月半價優惠亦感到遲疑，可以考慮用正

1　界外效應（Externalities）：經濟學名詞，指社會與私人利益分離，一個人的行為會對其他人造成間接的得益或損失。

價學費按比例計算一個星期的學費，讓客人繳付學費去體驗補習服務，按比例計算學費不但降低了家長對新補習社的顧慮，而且亦可以消除了免費試堂的負面界外效應。

第三　推薦人優惠或二人同行特價

有些補習社會長期推出二人同行或推薦人優惠。二人同行特價既有好處也有壞處，好處當然是同一時間可以吸納了兩名學生報讀課程，但壞處就是當客人看到這個優惠之後，他們內心會充滿遲疑，他們會想，到底可不可以找到其他學生一起報名，這樣大家便可以節省一點學費，所以這方法反而阻礙了他們即時決定報讀。

推薦人優惠則沒有以上的顧慮，但不建議在開業初推出。應在補習社已收到一定學生數量的時候，在打算停止新生首月半價時，再以現有學生推薦人優惠，去取代新生首月半價優惠。如太多優惠同時推出的話，會對客人造成花多眼亂的感覺，令客人內心考慮的因素又變多了。總而言之，優惠都要以精簡為主，要一擊即中客人心理。

第四　網上宣傳

我在開分校的時候也曾試過推出這類宣傳，無可否認是有一點成果的，但千萬別抱太大期望。網上賣廣告的好處在於爭取客人眼球，特別是當你吸引到客人查詢的時候。但如果客人居住在補習社附近，就應該直接邀請他們來補習社面對面查詢為佳。文字表達始終不及面對面透過交談及讓客人察看實際環境來得吸引，這才能把

補習社的優勢表現出來。所以，如客人住在補習社附近，約一個非繁忙時間直接來面談會比較理想。我對於一般網上查詢，會預先儲存一些常用的對答，答覆必須要以禮貌為主。把文字修飾得有禮、簡潔、統一及清晰，只需要複製及貼上，就可以既有禮，又輕鬆地回答家長的查詢。另外，可考慮在學校附近或人流旺盛的地方派傳單，可以聘請一些專業派傳單的兼職代勞，派傳單相當消磨意志，還是把自己留在補習社內，處理更為重要的事務吧。

第五　良好的客戶服務質素

我經營補習社多年，有時在逛街的時候看到其他補習社，真的很好奇別家補習社會怎樣推介自己的課程，所以當我見到比較特別的補習社，就會進去查詢，體驗不同的補習社的銷售服務。

以下我會分別指出怎樣是良好的體驗，怎樣是糟糕的體驗：

糟糕的體驗

我經常謹記一件事，要代入對方角度去思考。有些接待處的人員本身就是老闆或者資深的老師，他們表現出一種黑口黑面、缺乏笑容、高高在上的態度，以教育專家的口吻，教導家長應如何配合他們去讓孩子學習，而造成這些不良體驗的接待員，亦往往會滔滔不絕地推介自己補習社的優點，卻沒有問清楚客人的需求。這種接待態度會在客人心中大打折扣（客人會有貼錢買難受的感覺），除非這間補習社的教學質素真的做得非常好，能做到其他補習社無法取代，否則第一感覺已經令家長想盡快離去。

良好的體驗

① 請儘量不要戴口罩。疫情已經過去很久了，口罩只會給予別人一種距離感，而不戴口罩會使人增加親切感及信任。

② 必須要有笑容。接待人員以親切及真實的笑容打動客人（大部分補習社皆不能做到），必須讓客人感覺就像走進高級化妝品櫃位及名店。補習社也是一個提供服務的機構，待客之道十分重要。當然，如負責接待客人的員工樣貌娟好，無論男或是女，都會有輕微偏好的效果。

③ 在推介課程及了解學生家長需要的環節，接待員工具備銷售行業相關的經驗為佳，會更為得心應手。如該員工本身沒有任何銷售經驗，就必須要練習及學習基本銷售流程。

送讀者一個小貼士，我長期會把一張載滿 1）課程賣點、2）必問問題、3）疑難解答的清單貼在門口接待處。張貼在接待處的基本對答流程要針對沒有銷售經驗的員工，讓員工熟讀，令員工可以一步一步與家長打開話題。避免 Dead Air（即雙方沉默）這個尷尬情況的發生，每間補習社都應有一套基本及統一查詢對答流程。

如果你已經準備了裝修、器材、教材，又確定了新張期內優惠，就可以正式營業了。

水桶理論：做到高輸入，低流失

根據多年營運補習社的經驗，我歸納了這個水桶理論出來。營運補習社就像一個水桶，上方有一條水管源源不絕地為水桶注入水，就像補習社在營運中，不斷收到新學生一樣。同一時間，水桶底部有一個破洞，不斷讓水從水桶底部流走，就像補習社營運中，無論你補習得怎樣良好，都會面對學生流失的情況。

作為補習社的掌舵人，要做的就是增加上方水管注入的水量，而又盡最大努力減少下方破洞導致水分流走，這樣水桶就會越來越多水，就會慢慢變滿。說出來好像很簡單，但是我敢斷定，大部分補習社未能做好這點，最大敗筆就是拖延症導致執行能力下降，當水位稍為上升的時候，由於執行性不佳，導致很多補習社內部問題沒有得到即時解決，水桶下的破洞就會增大，令到水桶內的水位只能保持在一個低位，面對激烈的競爭及租金的支出，補習社就有機會步入長期虧蝕的局面。

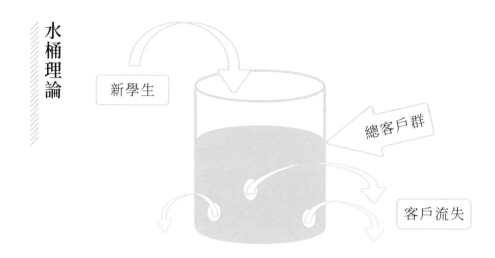

水桶理論

新學生

總客戶群

客戶流失

關於收取學生（水桶上方的水管）

　　一位成功的銷售人員及經營者，要做到不卑不亢，親切有禮，客觀分析，能夠給予家長信心，直接擊中他們心中的要害。

　　繼續上一篇關於收生方面的話題，我可以告訴大家，即使補習社同一個裝修，同一個優惠，同一個地點，同一群教師，誰去負責接待客人，並進行收生工作，收生率的差距可以非常之大，能相差數倍之多。如果你是一個初入行者，當然擁有補習經驗會稍好，但如果你沒有補習經驗，就必須要有從事銷售相關行業的經驗。

　　我在經營補習社多年之後，仍然一有機會就去主動負責收生，因為我的收生成功率遠遠高於其他同事。我只能說出一些大概的方法，餘下要大家去領略及體會。

在此總結一次重點內容：

首先，口罩儘量不能戴，要充滿笑容，簡單和家長介紹了課程之後，一定要用簡單的問題對答了解家長的需求，包括之前所述，現在學生遇到什麼學習上的問題，希望補習社如何為他們解決相應的問題等。

然後，再了解學生現時的學習情況，哪一科強，哪一科弱等等。在對答的過程中，心裏要一直盤算到底客人心中真實的想法及最需要的是什麼，例如避免自己勞氣，傷害親子感情又不好明說。然後嘗試一擊即中客人心中的要害。

了解客人的心理十分重要。方法看似簡單，實際上要很長的時間及經驗去累積。因為我以前曾從事客戶服務及銷售相關行業，所以深明此道。只有當家長信任補習社能了解他們確切需要什麼的時候，家長才會放心把學生交給你。

我營運的補習社有不同的分校，有時轉換不同的員工去負責收生，就會即時差別極大。有些老師不擅長收生，當換了老師之後，在價錢及優惠不變的情況下，收生率可以有大幅度提升。只要該名負責收生的員工對答良好的話，在十名查詢的家長當中，有可能最理想達到七至八名能夠一擊即中。對比另一位收生較為不理想的員工，在十名查詢的家長當中，有可能七至八個都流失了去別的補習社，會有數倍的差距。所以，千萬別讓一個連基本對答都存在問題的員工負責在前台收生，就像水通理論上方的水管，只開了一個很少的水量流入，將對你經營造成巨大壓力。

關於如何縮小桶底的破洞及把桶內水位維持於高位，將在以下第八至第十一篇講述。

與家長溝通

第一　代入家長角度思考

這個年代和我小時候真的很不同，我小時候有名氣的補習社，通常都是極度嚴厲，不一定在商場或其他店舖內，有一些在住宅單位內補習。他們可能動不動就直接處罰甚至體罰學生，那個年代嚴厲才被稱為好。現在，時代已經完全轉變了，試想想，小學一年級或二年級的知識，哪位父母不懂？莫說是父母，現在連小孩的祖父母也很有可能受過高等教育，一、二年級的知識，難道他們不會教嗎？並不是這樣的，他們可能覺得困擾，不希望傷及父母與子女之間的感情。所以他們願意付學費讓補習社來為他們的子女補習及教育，他們是購買一種服務，我們作為補習社方，必須要代入對方思考，理解父母感到困擾的地方，想想對方最需要什麼幫助，再提供服務。

針對不同學生的不同需要，不能一成不變，例如較調皮的學生就嚴厲一點，但如果面對心靈脆弱的學生仍然那麼嚴厲的話，會令到學生回到家中向父母哭訴。試想想（再次代入對方角度），父母給予補習費是希望補習社為他們解決困難，如果對心靈脆弱的小孩施以過於嚴厲的管教，不但沒有為家長解決困難，還加大了他們的困擾。試問怎可能讓學生繼續在這裏補習下去呢？

我會將補習社定位為任務兔子（Task Rabbit），只要補習社可以做到的，全方位為家長解決困難。

要和家長有透徹的溝通及了解，盡可能完全知道家長期望補習社怎樣為他們的子女補習，從而解決他們面對的困難。

以下是為家長解決問題的例子：

1. 如家長工作繁忙，無暇督促子女依時完成功課。身為補習社，每天在補習社完成功課當然是必須的。如果補習社還容許學生把部分功課帶回家完成，這不是又把家長的煩惱帶回家嗎？

2. 如家長需長時間工作，只能在黃昏時把子女接回。當學校有特別活動會早放學時，補習社亦應提早讓學生來，別令家長為託管而苦惱。

3. 如家長弱於英語，在與家長充分溝通後，要確保所有有關英語的功課、默書、溫習測驗及考試等需在補習社完成。其他科目在與家長充分溝通後，可留待回家溫習。

各種情況，不勝枚舉⋯⋯

有一點要切記，補習社提供補習服務，主要是為了解決小孩的學習及家長的教育困難，千萬別與家長溝通的時候，只說出困難所在，卻缺乏解決辦法。家長就是因為有困難才把自己小孩帶到補習社，例如頑皮及不願學習等等。補習社卻又把家長本來遇到的困難重複一遍地告訴家長，這樣做意義何在？補習社有為家長解決到困難嗎？家長只會覺得這間補習社沒有用。

所以，當補習社感覺到學生有什麼困難而跟家長溝通時，首先提出了困難所在，必須同時給予解決辦法。

以下用一個例子說明，如果補習社發現學生的英文默書不理想，而且很喜歡與鄰座的同學聊天，都不認真學習，看着下一個默書迫近，合格的機會已經不大。這時，補習社方需主動和家長聯絡，指

出學生不認真學習的問題，與此同時，補習社要一同給予解決方案，例如，補習社今天已即時把常聊天的學生分開坐，避免聊天的機會。清楚向家長交代，由於學生感到英文默書困難，你已決定每天也會獨立抽出時間為學生默書，可能會晚一點離開補習社，希望改善學生英文默書的情況。同時，可以提出希望家長在星期六日時，也抽一點時間再幫學生複習。

如果補習社能這樣處理，不單已向家長表示你已努力為學生的教育尋求解決辦法，亦已有一個完善計劃去改善學生的學習情況。

最不理想的溝通方法就是，補習老師直接向家長提出學生的問題，例如學生在補習社怎樣調皮及不聽指揮，不斷向家長講述對學生的投訴。試想想，家長可以如何回應你呢？除了說他會回去責備他的孩子之外，事情完全沒有得到解決，只是又讓家長把煩惱帶回家。這正正就可能是家長本身面對的管教困難，自己十分勞氣才將孩子交予補習社，補習社又把同一個問題向家長反映，將問題推來推去。這些說來簡單，但很多補習社仍在犯錯。

第二　為每名學生建立記錄系統

現在這個電腦化時代，我經營的補習社對每名學生也會有相關的電腦記錄，包括學生的特點，要針對的弱項，每次考試成績等情況詳細地記錄在電腦裏，再在和老師開會的時候，就家長的要求予以更新及討論，看看有沒有什麼需要改善及跟進的地方。

第三　留心收新學生時的溝通情況

當收到一名新學生的時候，需要預期學生的父母必定會向子女查詢在新補習社的情況，所以在尚未與家長建立信任關係的情況下，必須要小心處理和家長的溝通及學生的想法。

千萬不可以忽略學生的想法，例如新學生剛來到一個新環境，他可能未必有膽量去發問，你要非常留意新學生的需要而主動去給予幫助，而不是等待他回到家裏，向父母投訴自己在新補習社被忽視，沒有機會發問等等。

第四　長期留意現有學生心理情況

學生在補習社補習是否適應及開心，作為老師是完全感受得到的，這時候要擺脫拖延症及提高執行能力，如果察覺到學生不適應及感到不開心，作為補習社負責人必須馬上作出解決。當然，知道是什麼原因最重要，有可能是這名學生和補習社某位同學相處不愉快、不敢發問、負責老師太嚴肅令他感到害怕、紀律太鬆散導致學習環境太嘈吵，甚至被其他同學欺負等等。可能很多老師覺得只是小事一件，但對於小孩的內心來說，這可是大事，所以必須要馬上解決，不可以坐視不管，否則可能對學生心理造成負面影響。

第五　主動向家長提出問題，別等待家長投訴才回應

　　我經常和老師開會的時候都提到，當學生發生了問題，察覺後要先主動向家長提出，再向家長解釋補習社的解決辦法。若學生先向家長投訴，家長再向補習社反映的時候，觀感已經差天共地。

　　人無完人，無論怎樣細心，總會有你留意不到的情況及地方。特別對於新加入學生，要較頻密向家長溝通及交代學生的學習情況。因新加入學生的家長對補習社不熟悉，部分人會較為被動，將不滿埋藏在心中（例如教錯功課，子女不適應，甚至冷氣太冷、太熱等）。曾經有一次，當家長月底來交費時才告訴我，學生一直覺得班房內很悶焗，冷氣不夠，足足忍了差不多一個月。在那班房任教的女老師身體頗虛，經常覺得很冷，我只可以下鐵命令，最少把冷氣調至二十五度及風力維持最大。任何事皆要取捨，不能任由學生因如此簡單的事流失。

　　這只是冰山一角的例子，作為掌舵人，必需要「誘導」家長投訴或表達意見，然後馬上跟進與改善。亦只有維持在高水平的客戶服務質素，十分重視家長及學生的意見及要求，才能保持家長及學生的滿意水平。請謹記，並不是人人都那麼主動的，不主動詢問家長有什麼意見，家長及學生就會被動地離開。有時可能只是因同學之間爭執，被打了一下。作為掌舵人，如果不知道或沒有處理，家長及學生只能用腳來投票，就這樣離開了。我到現時仍幾乎每天都要處理不同的意見或投訴，只要把投訴處理得當，學生及家長才有留下繼續補習的理由。

　　當與學生及家長慢慢建立信任之後，亦要儘量將溝通維持於每月最少一次（在繳交學費的時候可以順便問一問最近有沒有什麼問題需要補習社跟進，負責老師有沒有和家長保持聯絡等等），去邀

請家長發表他們的意見。當然，如果學生發生了什麼學習不理想的狀況，亦要馬上向家長提出改善方法及計劃（例如數學成績下滑，以後逢週末都會增加一點切合課題的數學功課以提升掌握度等）。千萬別覺得家長的意見或投訴是一件困擾的事，我可以直接告訴你，家長有意見絕對是一件好事，有意見給補習社，代表補習社有機會去改善問題以符合家長的期望，為家長們分憂。如果家長沒有機會表達他們的想法（可能因他們性格被動而你又沒有去主動詢問），家長們可以選擇在月底的時候直接轉換補習社，就這樣流失了。其實可能只要問多幾句，可以面對面或透過電話及 WhatsApp 去了解家長是否滿意，就可以降低流失率。

我補習社有一個投訴處理程序，在這和大家分享：

當發生了家長不滿或投訴，作為老闆及負責人理應親自作第一處理，然後每過兩三天就交予負責老師或繼續由自己以 WhatsApp 或電話交代學生最新情況，主動詢問家長情況有沒有改善等。如果家長給予正面回覆，就表示這個問題暫時解決了。如果家長亦有其他意見的話，請馬上跟進，任何一個不滿或選擇不再補習的家長，都會為補習社帶來不良口碑（特別是新開業）。

第六　關於家長對師資的查詢

有些家長對師資有一種狂熱的追求。在我心目中，我從來都只有一種看法：世上沒有最好的老師，找到合適的老師就好。

並不是博士就一定能把學生教好，找到一名老師能和學生合得來，學生又喜歡他的，這樣已經事半功倍了。

第 九 篇

補習中：課堂秩序之道

關於課堂秩序及處理學生補習中的問題。另一篇〈同業分享〉中，梁倩怡小姐會詳細論及。首先在這裏說說我的看法。

我個人很喜歡思考，經常會回憶身邊發生的微小事情，或觀察身邊發生的事，然後再想想到底有什麼解決及處理方法。無論我在駕駛中，還是走路中，我的腦袋都經常不斷在思考，有時思考關於公司的事，有時思考關於未來的路向，有時留意街上任何關於生意的情況，然後想想，如果是我的話，我會怎樣做，有時候又會留意關於投資股票的事情。總而言之，我的腦袋是長期保持在思考的狀態。

請回想自己童年的經驗

還記得自己小學及中學嗎？什麼是稱職老師？什麼是失職的老師？個人認為稱職老師就是為人公平公正，在他管教下，沒有小圈子，對任何學生的讚賞和處罰都一視同仁。而那些失職的老師就剛好相反，看到問題而又不去解決，心情不好的時候就特別凶，對待學生的態度，視乎老師對該學生的偏好程度，如在班上和某小撮自己喜歡的學生特別熟絡，對於他不喜歡的學生，甚至乎會有針對的情況出現。

　　每當我回憶起這些情況，都會提醒自己要成為一個公平的人。我明白，俗語有云：十隻手指有長短。每人的內心深處總有喜歡和不喜歡的人。別看學生小小年紀，如果老師處事不公或對任何學生特別偏愛的話，學生們總是知道的。無論內心有任何個人感覺，請把你的想法隱藏起來，以公平的角度去對待每一位學生，學生做得好的時候去誇獎，犯錯的時間責備。最重要是公平，別因為她是女學生就比較溫和，無論他是男學生還是女學生，對於破壞課堂秩序的不良行為都要立即處理。

在課堂秩序備受挑戰時立即行動

　　世事往往知易行難。學生總喜歡挑戰權威，他們覺得能令老師啞口無言，會十分得意。

　　如果身為老師，只因自己正在繁忙中，而縱容學生抄功課、玩手機、聊天等行為。甚至對這些行為視若無睹。只要這名老師沒有在情況剛發生的時候處理，事情就會急轉直下。當情況失控時，老師再把各學生大罵一頓，無疑惹來學生反感，因為剛才有部分學生嬉鬧時老師默許，然後情況失控時又發火。學生內心會覺得這名老師實屬無能，久而久之就不會再尊重這名老師。

　　學生在這個小小的年紀總是愛玩，當你一看到苗頭不對的時候，請馬上阻止。假設你看見一個學生在抽屜內神神秘秘在玩什麼，若其他學生看見了，而負責老師又不去處理的話，那些學生就會跟着做。好的東西不去學，壞的東西馬上學，嚴重影響課堂秩序，所以一看到，就要馬上去糾正，因為不良氣氛是會傳播的。這個又是老師執行力的考驗，執行力好的老師馬上就看到問題所在而出聲指正，

執行能力不好的老師就會選擇坐視不管，可能這名老師正在忙碌中，但就是因為這小小的怠慢，令情況越來越差，最終嚴重影響課堂質素。

拿捏和學生相處的分寸

在管理課堂秩序時，有些地方必須要留意，如老師和學生變得很熟絡，太熟絡就難以去指責，容易形成小圈子。並非說老師不能和學生很熟絡，但要拿捏好分寸，跟學生再熟絡也好，當他們做錯事時，都不能包庇，要做到一視同仁。另一方面，有些學生總是比較被動，很難和別人熟絡。這些時候，老師一有機會，必須主動了解被動學生的背景及需要，絕不能因為他們被動就被忽略。處理學生是經驗和人際關係的結合，需要慢慢去領會。而且每名老師的能力相差亦甚遠，所能看顧的學生數量亦可以相差以倍數計，切勿去責備能力低的老師，只要有心長做，總會慢慢累積經驗，會改善的。而只要越做到公平及關懷每一位學生，才可以令補習社容納更多學生一起學習。

着重理解，而不是死記，這就是我的皇牌

這個就是我補習社的皇牌，亦是最難執行的，連我也時常感到十分吃力。首先，無論學習中文及英文，最重要就是理解各詞的意思，而不是死記寫法及英文字母拼法。死默書是沒有用的，即使默書一百分，但不理解內容就不能靈活運用，對學生中、英文水平完全沒有幫助。我會讓學生清楚知道，理解各字詞背後的意思最重要，寫法拼法卻不是。在默書時，我會不斷抽問各字詞的意思（無論中

或英），只要有一字詞答不出，馬上重默，加時留堂。但對於寫錯拼錯，就從輕發落，輕鬆處理，讓學生明白，了解是最重要的。

　　這一點為什麼我說是最困難的呢？連正在我補習社工作的老師們都需長期提點，執行上永遠仍有進步空間。這一點是最知易行難，亦是最重中之重，如失去這重點，補習社可能會有倒閉危險。

降低學生流失率

根據水桶理論，補習社只可能做到儘量減少洞底的破洞，但不能完全消除它。

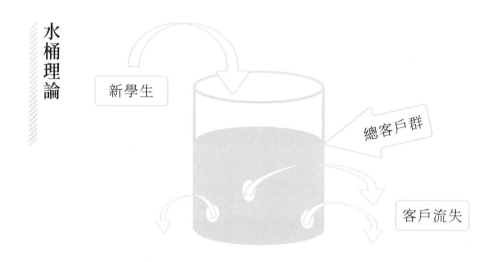

水桶理論

新學生

總客戶群

客戶流失

流失率的計算方法如下：

$$\frac{該月流失學生數}{學生總數} \times 100\%$$

無論以老師個人或補習社整體，皆可用以上方法計算其流失率。

以下再論述各項影響流失率的要素。

第一　數字化管理

有一句說話在我以前打工的時候學到，數字是不會騙人的。無論是補習社學生的流失率，還是每名老師的流失率，我都會長期記錄在案。當長期記錄各老師的流失數字時，一定會發現，每個人的能力真的相差很遠。從長期觀察來看，比較不理想的老師的流失率，可以是較理想老師的數倍至十倍之多。

第二　老闆需親自下場教授，把自身教學經驗分享予各老師

我作為補習社的擁有者，在之前的篇章亦已談及，我有親自下場教授，這樣才可以直接掌握教學情況及經驗，從而分享給各老師。作為補習社老闆不但要做得比其他一般員工好，而且必須是全公司教得最好的那位，令自己成為活招牌。這個補習社業務是你自己的，如果連自己直接擁有的業務都做不好，試問又怎樣有說服力地要求其他員工做得好呢？

補習社在每天的營運當中，常會發生不同的情況，如學生情緒不穩、無心向學、學習進度不理想、每天完成功課後拖延時間等等。當老闆親自負責下場教授，才可以更切身體會每天遇到的問題，亦只有當自己已經把各種日常面對的困難處理好，才可更有說服力地分享解決方法給各老師，並要求各老師也能做到，而非紙上談兵。把學生流失率統計起來，當自己的流失率成為全公司最低的時候，才更有說服力去教導其他老師如何降低流失率，因為這個方法有數據支持，數字只會反映真相。

現在我的補習社有數間分校，每月學生數目約在三百至三百五十名左右，但我仍然堅持繼續親自下場教授，只有這樣做，才可以把第一身經驗馬上分享予各老師。

我以前從事電訊業銷售的時候，我身為前線職員，我會欣賞銷售及客戶處理技巧出色的管理層。後來成為電訊業主管及經理後，我並沒有忘記初衷，繼續分配時間堅持站在最前線面對客人。我明白，親自衝鋒、與士卒同甘共苦的將軍，才是一名好將軍。

第三　主動管理，定期和各老師開會討論

經營任何業務，都需要去主動管理，所以不該聘請親朋戚友來提升自己的管理難度，亦別期望各員工在沒有管理下能把事情做到十全十美。每四至八名員工就該最少設立一名管理層，所以越大的企業，所花費在管理上的金錢也會越大。剛開業，學生數量還不是很多的時候，必須在補習社電腦內記錄每位家長的要求及學生需要針對的事項。作為管理者，要做的便是定期跟每名學生的負責老師商量及討論各學生的最新補習情況，向各老師提出針對不同學生的建議及解決辦法。

第四　鼓勵老師們發言，別等問題變成投訴及不滿

邀請各老師說出他們在補習時遇到的困難。人一般都是這樣的，員工做得好的地方，他們可能會主動向你及家長提及，而員工做得不好的地方就傾向隱瞞。作為老闆，你首先要倒轉這種風氣，必須直接告訴他們，補習社一直有統計數據，如果遇上問題又不馬上提出，不一起去研究解決方法的話，不一會就會反映在流失率上。到

時流失了學生又需再檢討，何不馬上提出來一起研究解決方法呢？而且，在面積不太大的補習社之中（1000 平方公尺以下），作為老闆會較容易留意到哪些學生有問題，而你的老師們可能已經忽略。

我在這裏舉出一些例子：

①　在補習時，你在巡視課室的時候已經看到有某些新學生是比較被動的類型，瑟縮在一角，而你的老師卻沒有主動去理會他們。這樣問題已經種下了，必須馬上向你的老師提出問題所在。

②　孩子有這樣的習慣，要麼就是不發問，一發問就很多學生一起發問。就跟上廁所一樣，要麼就是沒有人去廁所，當有學生去的時候，就有另外幾個學生都說要去廁所。你的老師必須要妥善解決這些微小的問題，如果你作為老闆都放任不管的話，就會將課堂秩序直接打破。

第五　親力親為，抽樣檢查

我的補習社是經營功課輔導及一對二私人補習（私補）專科並行的補習社。我平時還會抽查其他老師所屬學生的功課，看看在功課輔導時，學生們的功課會不會錯得很嚴重，特別是有些家長特別緊張小孩的功課，當發現某些學生的功課錯誤較多，我會去了解背後的原因。

例如，可能在老師核對之後，學生便忘記把改正的功課重新交出來再讓老師核對。更嚴重的情況可能是學生故意把難做的功課藏起來，只因為覺得在補習社改正很麻煩，寧願錯了之後去抄同學的答案等等。還可能隱瞞默書、抄功課等等行為，作為老師必須馬上糾正，否則會助長歪風。

人都是有惰性的，你作為老闆必須事事以身作則。當你留意到以上情況，你必須和老師馬上商討解決辦法，包括要求有關學生坐在老師附近的位置，以方便老師去監察，又或當學生放補習之前，再找兼職導師把該些學生所有功課重新核對一次，確保沒有錯漏。

第六　小秘技分享，詳細記錄學生考試成績

如果日常的營運可以做到以上所述的水平，恭喜你，你水桶的水還繼續在累積當中。下一個挑戰便是考試了，我一般會在各學生的資料處輸入學生之前考試的成績及情況，在學生們一直補習的過程中，我會繼續記錄他們的學習成績及家長要求。

你別小看這個環節，這就是我的小秘技。當家長們前來交費的時候，就可以和家長以詳細數據分析學生的成績及改善辦法。

第七　考試前必須提早評估各學生進度

臨近考試，其實各學生的程度，負責老師可透過經驗及觀察學生平時學習情況，能估計得到大約考試所得成績。如果學生明顯在某一科目學習進度欠佳，身為老闆不可視而不見，或對員工放任不管。要針對學生明顯落後的科目去做針對性的部署，中文及英文水平是最難在短時間內突飛猛進，其他可溫習的科目及數學反而有機會可以在短期內取得明顯提升，所以距離考試日尚早時，練習應該着重中文和英文（當然以學生較弱的科目為主），而到考試前則應更加集中在可溫習的科目及內容上。數學的計算方法可以從反覆練習當中，在短時間內取得重大的進步。

　　對於各學生的程度，負責老師或多或少會了解，如果學生近期的學習情況比起以往有明顯下滑的時候，便需要馬上和家長溝通，指出問題所在及提供解決辦法，包括邀請特定時間來補課，而不可放任問題不管。

第八　與小班教學相互並存

　　如果學生在大班教學易容吸收，在學校已吸取大量知識，未必需要補習，所以在經營補習社方面，需提供小班教學，提供空間讓學生盡情發問，一解心中的疑問。

　　而我經營的補習班約佔一半的收入皆來自一對二私人補習，以一名老師對兩名學生的方法讓學生大量發問，而且提供不同全職及兼職老師讓家長及學生選擇。

　　我經常向各家長說：世上沒有最好的老師，不是找個博士就可把小孩教好。永遠都是「人夾人」，只要學生認同及喜歡該名老師，學習上就會事半功倍。

第九　鼓勵學生及家長嘗試不同的老師，並以此作為賣點

　　這個經營方法，我到經營補習社第八年才開始。剛開始的原因是由於各分校一對二兼職私補老師數量龐大，越來越難掌控各兼職老師教學方法，所以鼓勵學生及家長找出自己心目中理想的老師，而要做到這一點，必須選擇多，讓學生可不斷體驗各老師的教學方法，找到適合自己的老師才是最重要。

在這種模式下，老師們皆以佣金（即以任教學生的總學費某百分比作為薪金）計算薪金，當該老師教學不合學生和家長期望，學生就會流失去其他老師那邊。令收入直接反映在老師們的教學質素上，互相競爭及鼓勵下，不斷提升教學質素。

第十　讓負責老師直接和家長建立關係

負責老師永遠比你更了解學生情況。當補習社規模越來越大，老闆是不適合及不可能總攬所有溝通及聯絡工作。有些補習社經營者之所以事事親自參與，是怕家長和老師太熟絡，當老師離職時，會一併把學生也帶走。

其實只要以佣金計算，有能力的員工離職機會不大，沒能力的員工離職影響亦不大。讓老師們直接面對家長的要求，可讓老師們更具效率，更直接明白家長需要，而不是讓老闆傳話，傳過來的說話亦可能會和原本情況有分別。而且在以佣金計算下，讓老師們直接與家長溝通可加強他們的動力及執行力，因為只要做得不理想，立即就會反映在收入中。

第十一　增加潛在收入

在考試期間，可免費或收費加堂補課，只要有效，不管是免費或收費亦可。免費可提升家長好感，但收費可增加老師收入，提升老師好感。我現在是交由老師自行決定及溝通，因補習社架構變得更大時，沒有一種方法是最好的。不同情況下應使用不同方法。

但如果選擇收費的話，家長就會有更大的期望，當期望落空，可能造成不滿。但從另一方面看，補習社可以藉考試的月份再把收入提高。

第十二　舊老師離職產生學生流失

最後一方面，流失率會來自更換老師的時候，包括舊有老師離職及新老師加入的交替期間。由於每名老師處事手法的不同及感情因素，可能導致學生不適應而離開。這些交接的情況，我會根據每一名學生不同的特性而跟新老師商討針對性的部署。

在交接期間，必須主動和家長溝通，歡迎家長如有問題，必須要馬上聯絡你。在我經營補習社多年後，發現了一個盲點，令我近年更改了做法。

在早期，如家長有投訴的時候，我會嘗試繼續由這個老師根據家長要求去處理，然後再在指定的時間內，通常是數天或一星期後，再詢問家長情況有沒有改善。後來我發現，人總會有第一印象，當第一印象不好，便很難改變對方的看法。

現在，我會給家長一個明確的訊息，就是家長有選擇權的，當他們有任何不滿的時候，我會給予家長一些選擇，例如：

1. 家長們可以選擇繼續保持這個老師，我們會跟老師研究改善辦法。

2. 又或者家長可以選擇另外一名老師嘗試，如果得到更好的效果當然好，如果對另一名老師都不滿意，又可以轉回原本的老師，

讓家長知道他們手握決定權。補習社可以提供不同的老師給家長選擇，以補習社內可轉換老師的方法，替代家長轉換補習社的想法。

如果做到這種規模，就可以用轉換老師這種方法去進一步降低流失率，來彌補規模變大而管理變難的情況。

補習市場概況

- 缺乏龍頭

- 競爭激烈

- 加盟支援不足

- 加盟經營費過高

員工：知人善任，唯才所宜

　　此一篇章是核心篇章之一，關係補習社能否長期生存。開始之前，先說兩個歷史故事：

故事一：雞鳴狗盜

　　孟嘗君是戰國時代，齊國的貴族，在當時很有聲望，被齊王任命為相國。因他禮賢下士，術士、文人等紛紛前來投靠，門下食客達三千人。有一次孟嘗君出使秦國，秦王久聞他的名聲，想要封他為秦國宰相。大臣們紛紛反對，認為孟嘗君是齊國的貴族，只會為了齊國的利益而犧牲秦國，到時秦國就危險了。於是秦王聽從大臣們的意見，打消了這個念頭，但又害怕孟嘗君回齊國後會對秦國造成禍患，於是把他囚禁起來，打算殺了他。

　　孟嘗君見自己性命危險，馬上派人去見秦王的寵妃，希望她能在秦王面前代為求情。那位妃子雖然答應了，但要求孟嘗君送她那件著名的狐白裘作為條件。孟嘗君早前已把唯一的一件狐白裘送給秦王，根本沒有第二件。有一位同行的食客擅長偷竊，知道此事後，自告奮勇潛入秦宮將狐白裘偷出。這名食客順利地偷出狐白裘後，孟嘗君便將狐白裘送給那個妃子，然後她便在秦王面前為孟嘗君說盡好話，最終秦王答應釋放孟嘗君回國。孟嘗君怕遲則生變，便與食客們星夜趕路。到了關隘，卻發現城門必須要到清晨雞啼時才會

打開。秦王轉頭便已反悔，派遣人馬想把孟嘗君捉回。孟嘗君眼見情況危急，這時另一名善於模仿雞叫的食客在城門附近模仿了雞的叫聲，引得附近的雞紛紛叫了起來。守關的士兵聽到雞鳴便就把關門打開。秦國的追兵未追到關隘，孟嘗君一行人已順利出關，成功回到齊國。

故事二：《淮南子·道應訓》

春秋戰國時代，有一名楚國將軍叫子發，他常招攬有各式各樣才能的人。後來有一名盜賊求見，子發把自己裝扮得很隆重去接見這名盜賊，子發的左右手跟他說這只不過是一名盜賊，何必那麼禮遇他呢？子發只是說其他人不會明白的。

過了數年，楚國和齊國發生戰爭，在戰爭中，楚國開戰接連遭受失敗。這時候那名盜賊門客出來跟子發說，他有辦法可以協助楚國扭轉局面。第一晚，他偷偷潛入齊軍軍營內，把齊國主將的睡帳偷走。第二天早上，子發把偷來的睡帳堂而皇之地還給齊軍。到了第二天晚上，這名門客又偷偷潛入齊國的軍營中，把齊軍將軍的枕頭偷走。第三天早上，子發又把枕頭還給齊軍。到第三天晚上，他又再次潛入齊軍軍營中，把齊國將軍的髮簪偷走，這時候齊軍將領們徹底地慌張了，在齊軍軍營內，這名盜賊竟可以來去自如，幸好之前他還是偷一些髮簪、枕頭等物品，但難保什麼時候會把齊國將軍的頭顱直接取走。齊軍就這樣被嚇至退兵了。

說完兩個令我自己印象深刻、時常提醒自己的故事。大家要明白，用人最重要是把合適的人安排在合適的位置，天才就可能沒耐性（安排聰明及要求高的學生給他），有耐性就可能知識不高及反應不夠快（安排學習障礙的學生給他），嚴厲的老師（安排頑皮的

學生給他），溫柔的老師（安排怕事及文靜的學生給他），使各類型的老師有其用武之地，別只聘請同一類型的老師。補習老師在芸芸眾多求職者目光之中，並不算是特別吸引或待遇十分優厚的職業。香港正在面臨人才外流的時候，我們要學懂欣賞員工的長處，不要太期待會請到一個多技能的老師（Multi-skills），如你想聘請一名中、英、數皆精、要求待遇不高、有心長做、謙虛勤力、善於溝通、處事嚴謹小心的員工，恐怕就算讓你聘請到，他也肯定有什麼陰謀盤算而你又未察覺到，所以懂得發揮員工的長處才是最重要。

第一　聘請前，要先了解員工背景及想法，再評估其心態

在網上可以輕易找到各大求職網站，直接向他們聯絡準備刊登廣告就可以了。反而我想說的重點是，在聘請員工及求職者面試時要注意的地方。

聘請補習老師時，遇到有補習相關經驗的求職者當然是好，但並不是必須的。我會透過對求職者發問問題及與求職者面試的過程中探知他們真正的想法，包括他未來的計劃、目標及理想等等。補習老師講求經驗累積，只要有心長做的話，經驗總會慢慢累積及上升，而且學生及家長都有一個認定老師的習慣，每次新舊補習老師交接的時候，總會導致學生流失，而且頻密地轉換老師對於家長的觀感亦不好，所以每逢轉換老師的時候，就必須要增加與家長的聯絡及溝通工作。

故此判定求職者會否有心長做才是最重要。通常年紀太輕的員工，由於心智或人生經驗並非十分成熟，所以他們總有一種喜歡嘗試新事物的想法。除非他在這裏工作後發現待遇及工作環境令他十分滿意，否則太年輕的人長做的機會並不大。此外，我會以詢問求

職者的未來計劃及理想的方法，嘗試了解他們長遠的人生目標是什麼，並指出作為補習老師的前景如何（最終願景便是加盟補習社，或以合伙人的身份經營屬於自己的補習社）。當提出最終願景時，通常便能馬上從求職者的神色中看出他是否同意你的說法，再以此推敲他長期工作的可能性。

第二　男女的分別

在我讀中學的時候，有一本書名叫《男女大不同》，令我印象深刻。現實上男性和女性的處事手法真的很不同。

女性往往心理質素較弱，想法不斷改變，明明這一刻她很想長做下去，下一刻又可能覺得壓力太大不適合自己，所以要在面試的時候詢問她過往的工作經驗或經歷，從而推敲她的心理質素，絕對不建議聘請心理質素相當弱的求職者，她們往往毫無個人決斷力及執行力，令身為老闆的你十分困擾。而女性的優點在於耐性及溫柔，某些女性善解人意，往往能令學生打開心扉，了解學生們內心想法。

男性雖然心理質素較強，但可能做事不夠仔細，粗枝大葉。而且可能具有相當大的理想，但又志大才疏。而男性的優點在於性格較為剛強，往往處理課堂秩序會較為理想。

以上當然不可能將所有男女一概而論。作為老闆，選擇求職者往往就是以兩害相權取其輕的態度去選擇。遇到合適的員工就要短時間內下決定聘請他，因為當這名求職者遇上其他公司有經驗的人力資源同事或老闆，往往很快被人捷足先登。

第三　如何留住有能力的員工

什麼是公平的待遇？這個答案往往在不同人的角度就有不同的結果。相比固定薪金制，我更為推崇佣金制。在我多年的營商經驗中，見識到人與人之間的能力差距真的十分之大，往往一名處事快及果斷有能力的老師，所能兼顧的學生數量可能是普通老師的兩倍或以上，所以佣金制會對較有能力的員工更公平，因為他們獲得的收入正正可以反映他們的付出及能力，而佣金制對於能力偏低的員工往往會較為缺乏吸引力，但這並不要緊，因為在佣金制下，基本上已公平地反映了當事人的工作能力，如果一名員工長期都只能獲得較低佣金的話，那麼你就要準備後備計劃（Plan B）！

對於一名表現較佳的員工來說，他自己內心肯定也知道自己的收入比其他同事高出很多，這樣他便會覺得這個制度十分公平及滿意，因為能真實反映個人的實力。反之，如前所述，有一些新入職員工雖然初時表現出對工作的熱情，但往往缺乏執行力，所以他們的長期工作能力會較差，你要經常告訴他要注意的事項，如果你不再三提點，他必定做不好；你要他限期內完成的事項，如果你不是再三催促，他根本不會完成。此類員工比比皆是，最後反映在較低的佣金上亦無可厚非。經過你多方發掘其長處而又無效後，這類員工的流失其實並不可惜，你要做的就是及早預備 Plan B，如果員工表現不佳，老闆又沒有準備 Plan B，這個就是老闆的問題了。

第四　Plan B 的重要性

我在營商的過程中，往往會為不同的情況打造後備計劃，我自己心目中叫它做 Plan B，有時候甚至會同一時間準備了 Plan C 及 Plan D。

雖然前面說過頻密轉換老師會對家長及學生產生負面觀感，但有時一名表現不佳的員工離去，對補習社保持競爭力往往十分重要。大家在招聘請員工的時候，包括我在內，我們並沒有全視之眼，雖然經過分析及多方查問對方的履歷，但仍然有機會請了不夠合適的人。

反之，有一些員工雖然初入職的時候工作表現並不太理想，學歷亦不是很高，但只要他孜孜不倦，一心努力工作的話，工作表現就會慢慢提升。這就是龜兔賽跑的道理，對於一名孜孜不倦的補習老師來說，即使這一學年的知識他才接觸沒多久，但當明年九月再開學的時候，他會經歷再次接觸幾乎一樣的知識，然後第三年會第三次接觸這些知識，這樣他的經驗及知識便會慢慢累積，工作表現反而會向上。最重要避免一些員工，可能他們反應較快，但常常坐這山，望那山，卻一事無成，自己有專長，但又沒有耐性教學生，他們在經過入職初期認真及發憤工作後，內心很快便覺得厭倦，工作能力反而會降低，所負責的學生流失率又上升，這個時候根據前述的水桶理論，他正在為公司加大了桶底的破洞。

首先當然要關心員工想法，與員工傾談，希望能解開員工心結，令他重新發憤。剛才也說過，任何事也要有 Plan B，但當你發覺這些員工經多番溝通後亦沒改善時，你就要在心裏預估他離職的日期可能已不遠了。這時候，應該率先在求職網站上刊登廣告準備替換這一名員工，當這位同事突然要求辭職的時候，你便有兩手準備。又或者，你在面試的過程中，遇到一位十分理想的求職者，這時候，你應權衡輕重，根據現有資訊評估事情最可能發生的趨勢，果斷地作出決定，可能是直接把舊員工辭退，反正他的內心也打算遲早離去，只不過等着機會再向你開口罷了。

第五　不求完美員工，但求合適，能發揮員工的長處

　　我的補習社內，並不全是以學生的年級來劃分老師，而是以一種長期陪伴成長的模式去經營，當學生們分配給某位老師教導後，如無變故，這名補習老師就會一直負責這一位學生，不只在學業上教導他，更希望引導他為人處事的心態。我相信這種長期伴隨成長的模式更切合學生需要，亦可推動老師在不斷備課中成長。

　　由於基本實行長期陪伴成長，故此分配學生給老師的時候必須要了解自己員工的特性，如果該名老師是一位學業成績並不出眾，但充滿耐性及愛心的人，你應該把有不同學習障礙、成績較弱、需要耐性及時間教導的學生交給他循循善誘，而別把學業成績優秀的學生交給他任教，因學業成績優秀的學生內心根本不會佩服這名老師，這一類錯配的後果，往往就使學生及家長喪失對補習社的信心。相反，一些知識豐富及處事迅速的員工，你應該把學業成績優良的學生交給他，這些學生會佩服一些能力出眾，真正能夠教授他們知識的老師，而這些老師可能往往面對學業成績低下的學生缺乏耐性，所以你要了解老師及學生的特性去安排，否則往往一直造成錯配。此外，有一些家長要求較高，頻密地提出意見，這些時候，你又需要安排一位有良好客戶服務態度的老師去負責，這位老師可能經常要以電話及 WhatsApp 等不同方式聯絡家長及交代學生的學習情況，如此在意溝通的家長，如果你交給一名愛理不理，兩三天後才隨便回覆的老師，又是一個錯誤。別以為例子極端，我到今時今日仍然經常檢討分配學生的問題，仍然會有錯配的情況。再重複一次，並沒有十全十美的老師，關鍵在於你有沒有將適當的人安排在適當的位置。

第六　勿拿員工和自己比較，調整自己心態

　　往往當老闆的，經常會陷入一個局面，你覺得輕而易舉的事情，為什麼你的員工辦起來就是那麼困難？為什麼你已經跟他說了那麼多次的事情，員工們又在拖延未處理，甚至忘記了。為了自己及員工的心理着想，千萬別拿員工和自己比較。如果員工有和你相當，甚至超越你的能力，他何需為你效命，何不自己創一番事業？如果總是苛求員工，這樣是迫着他們離開，自己只會更辛苦。作為老闆必須代入員工們的想法，他們可能覺得面對一個新行業，感到十分困難，如果再向他們施加極大壓力的話，他們的內心可能承受不了。這時候，需要運用一些方法去令他們融入及適應，回想自己初出茅廬時，又何嘗不是這樣呢？如果自己缺乏耐性去教導新員工，應該安排一位資深的員工長期指導他，而並非由自己親自勞氣地教授。而且，他們只是打工，和你當老闆是完全兩回事，員工們內心的選擇和退路很多，不在這裏工作，他們可以輕易去別家補習社工作，而你自己的補習社由你自己擁有，當然會全心全意付出，和打工的心態根本沒法比。人各有所長，再重新一遍，只要員工有誠意長做，資質實在是其次，重點是協助他們備課及慢慢融入補習社。

> ### 親身例子：

　　我對於執行能力不高的員工會這樣做：將近期這名員工要注意的重點直接寫給他，讓他保管或貼起來，令他時刻謹記。如果他在補習的時候有幾個錯誤經常犯上，屢勸仍然忘記改善，可嘗試把他的錯誤直接寫在紙上交給他，然後下次開會時再檢討。

例如：

① 注意上堂秩序，要學生們發問前先舉手。

② 切勿漏掉默書，把學生的默書日期寫在點名紙上，提醒自己每天做完功課後幫學生默書。

然後告誡他遵守這些要點，儘量避免在開會時當着其他員工指責，這樣保留員工的顏面會令他們感覺舒適點。可以定期和他會面，跟進他的缺點看看有沒有改善。

第七　拿出雙倍愛心來關懷及提點員工

通常普通員工的執行能力不會太強，所以你要平心靜氣，對同一重點不斷重複觀察及要求他改進才會有效果。別指望對員工們說一次，然後就會人人做到。

親身例子：

對於部分員工，不善於操作電腦及影印機比比皆是，我曾經對部分員工多次親身示範影印機卡紙後如何把被卡的紙取出，總是有人學不懂又不好意思問，後來發現有員工在影印機卡紙後直接逃離現場，留下不能操作的影印機，令我哭笑不得。

我及後索性把各項操作拍成短片，讓員工們慢慢看，示範數次學不懂，自己再看十次總可以了吧。指示員工們在不懂操作的時候自己看短片研究解決辦法，久而久之情況就好了點。現實的經驗告訴我，部分女性對於操作電子儀器真的比較弱，說十次她都未必會懂呢！

第八　處理員工沒有責任感的問題

有一些員工，他們會運用良好的面試技巧騙過面試官或你的金睛火眼，最後成功入職。但這些只有面試技巧而不願用心工作的員工是不能長久的，一般一至兩個月內便會原形畢露。這些員工不負責任的一面會慢慢顯現出來，這個時候又再需要 Plan B，例如你已明顯能估計他任何時候都有可能請假，所以應該每天都安排好後備兼職員工來頂替他，別讓他臨時突然請假的時候手足無措，你與其責怪員工臨時請假令補習社營運受影響，何不想想自己為何沒有早作準備。

此外，如果你發現這名員工請假的規律比較奇怪，就可合理地推斷他請假的目的是為了去其他公司面試，這個時候你應該繼續執行其他 Plan B，包括招聘員工替代他，別讓他的突然辭職令補習社有機會營運受影響。

第九　員工管理

在大型企業上，單就管理層已花費了大量的公司資源，平均每四至六個員工就會有一名管理層，每四至六名管理層又有一名中階管理層，然後上層的管理層負責管理中層的管理層，中層的管理層又負責管理下層的管理層。這代表了員工管理的重要性，別期望每一名員工都會自動自覺地完成所有手頭上的工作，管理層的存在價值就在於督促及帶領員工完成公司目標。

我也曾在大企業內工作，我發覺只要上司說一次（甚至還未說出口），而下面那位員工如果已能提早、準時及優異地把上司交予的工作完成，這位員工不論在大小企業，他已經可以扶搖直上。有

些人覺得自己學歷不如人，所以缺乏升遷機會，其實很多時這種想法是錯誤的。只要表現得足夠強大的執行力及洞察力，一紙學歷根本不重要，知識及能力在腦中、在經驗中，不在一紙學歷上。我在聘請員工時，一紙學歷真的只能作參考之用，不如我給予的筆試成績重要，而筆試又不及面試重要。

我面試的重要性排序如下：

面試 ──────→ 筆試 ──────→ 學歷

當然，學歷只需合乎法定要求即可。此外，作為一間補習社的經營者及老闆，不要把任何事都攬在身上，要知人善任地運用公司內的得力助手，信任及委託他們完成要做的事。如果老闆把事無大小、各樣事情皆親力親為的話，公司就變得不健康了，只要你生病或有事不在，補習社的營運就大受影響，這不是一間可持續發展的公司應有的模樣。不是說親力親為不好，但當所有員工習慣了無所不能的你存在，萬一你一時不在公司，反而會對公司造成打擊，所以要好好運用你的得力助手。根據本篇開首那兩個故事般，把合適的事交給合適的員工。

例如：補習社有新入職的同事，你可以委託你的得力助手去教導，這樣才可以培訓一些有能力的同事來分擔公司的職務。永遠做不大的生意其中就包括老闆牢牢地掌握一切事務，並不相信他人，又不放心讓旗下員工去處理重要事務。

第十　兼職員工

　　補習社是一個有淡季旺季的行業，而且課程各式各樣，每人的能力不同，專長亦不同，所以會有大量機會聘請到兼職人員。兼職員工可能來自不同的層面，最常遇見的是現職大學生或大專生，或者是子女年齡尚小的家庭主婦，她們可能打算讓子女逐漸長大後才全面回歸職場。

　　招聘兼職員工比較容易，選擇亦較多，但最重要的是責任感，我經常會遇到很有趣的情況，剛和一名兼職員工談好了上班的日期及時間，但到當天，約有 30％ 至 40％ 的員工會突然表示生病不能前來，這一個發病率簡直高得出奇呢！所以為免長用這類人會影響補習社的運作，兼職員工的責任心也是十分重要的。

　　兼職員工中可能有一些正在就讀大學，學校亦會有不同的活動，但其實只要他們能提早一至兩天請假，作為老闆就可以更輕易地安排人手了，故切勿依賴那些會於當天上班前十分鐘才請假，又或直接消失不見的員工。

　　在這個年代，大專生和大學生比比皆是，現職大學生或大專生的知識水平也十分參差，某些現職的大專生或大學生可能對於部分小學知識已慢慢遺忘了，所以要視乎情況更加知人善任，例如聘請部分着重於理科科目的兼職大學生，又有一部分擅長於文科科目，亦有一部分充滿愛心及耐性，這樣就會令到補習社更多元化去吸納不同種類的學生。

第十一　避免聘請手機成癮的員工

在這個年代，無論全職還是兼職，切勿請一些手機成癮的員工。在員工上班數天內，當你發現他手機成癮且屢勸不聽，請立即辭退，切勿令這名員工的存在，影響補習社的正常運作。

我有時也會感嘆，為何不同人的責任感可以相差如此之大。有些有責任感的人，他們早已將未來一個月有需要請假的日子預先告訴你。另外有一些沒有責任感的人，往往會臨時才說有怎樣的事情而不能上班。

在社會中，性格基本已決定了命運，那些有責任感，早有安排的兼職員工，雖然現在年紀尚輕，但將來有一番成就的機會遠比其他人高。反而那些連今天的計劃還未定好的大學生，經常改變主意，連一日的計劃都不能定好，更何況將來的計劃呢？

第十二　離職訊號

在我經營的補習社中，全職老師們可自行安排自己負責任教學生的補習時間。他們如有私事，安排了合適的兼職員工即可隨時放假，亦可自由選擇自己合適的兼職員工協助自己。這種自由的管理風格對於自律及自我管理有頗高的要求。因員工離職的原因通常就是太自由，自我管理不善，導致他所任教的學生流失率不斷上升，令自己收入不斷下跌（因以佣金計算）。

經過我對數字的分析，得出大部分員工在離職前，會出現可觀察到的離職訊號。當訊號出現，自己可早作準備。

離職訊號一：

該員工每月學生流失率上升至 10％至 20％，並且是其他同事平均流失率的 3 至 5 倍。（如果各員工流失率都極高，是補習社經營出現問題）

離職訊號二：

長假期（如暑期），超過或接近 50％的學生暫停補習，而其他同事長假期暫停率低於 30％。當學校沒有功課就不來補習，這是由於家長及學生認為該名老師除了指導功課外，根本未能有效為學生補習。

離職訊號三：

該名員工只會向外歸因，覺得這種情況是由於其他外部因素造成，不覺得是個人問題。

以上離職訊號若有中兩項的話，就必須提早作招聘準備。當然各補習社情況略有不同，但亦宜為自己補習社設立不同指標，從而推測補習社未來最可能出現的情況轉變。

數字雖然無情，但客觀。和股票一樣，股票有下跌轉勢訊號，公司亦有員工離職前訊號。

可導致補習社失敗的 8 種原因

　　我在早年的時候，十分喜歡聽別人成功或失敗的經驗，無論是營商、管理、就業等，特別是失敗的經驗，我更有興趣去了解。我認為可以從每一個失敗的案例之中，警惕自己，避免自己將來犯上同樣的錯誤。相對於聽取成功的經驗，在我年青的時候，很多事情也不懂，反而聽那些成功的經驗，對於我當時的能力來說，根本未達到那個層次，有些時候根本聽不明白他們在說什麼，亦不知道自己可以如何達成。故我在年青的時候，更喜歡聽那些失敗的經驗，我希望避免全部的失敗經驗，促使自己成功。下一篇我才會說成功的要點，在這一篇裏面，我希望首先歸納可能導致失敗的各種原因。

　　在我那麼多年的人生經歷之中，我每一次見到別人失敗，除了去聽他訴說自己的原因外，我還會從側面、從其他角度去思考他失敗的原因。因為人往往會歸因於其他因素，而忽略自己的個人因素，總覺得時不與我，又不去反思自己哪裏下錯決定。反而我近年對於失敗的經驗就沒有那麼好的耐性去聆聽了，過了十、二十年之後，我發現來來去去失敗的人都有某些特點，太陽底下無新事，這個世界的事情只不過是換湯不換藥地重複又重複地發生。所以，現在我除非聽到一些很新奇及特別的失敗經驗，否則我都是簡單地聽了便算了。以下有一些因素，從我自己親身或從身邊多年觀察下，總結各樣失敗的經驗，希望可以幫到大家去警惕自己，切勿重蹈覆轍。我認為，只要避開所有失敗的因素，不代表一定成功，但離成功又會近了一步。

第一　猶豫行為

　　有些人老是慨嘆年青的時候錯失機會，覺得如果當年這樣那樣，現在就已經成功了。後來我聽多了這些言論，便明白到並非時不與他，而是即使這樣的機會在這人面前出現十次，他也不會把握到一次。因自身強烈的猶豫行為終歸會拖累到自己。每人都想留在自己的舒適區，並不是叫大家一見到有機會就馬上一頭衝進去，這樣的風險也是相當大的。每人在社會上，在日常生活中，機會總會出現，當感覺到有機會來到的時候，要有一個既定的決策程序，去探討及研究這個機會的可行性，以及風險有多大，自己能否承受得起？以下我想簡單分享一下，面對機會來臨時的簡單決策程序。

1 潛在機會出現

2 馬上分析可行性（評估風險及回報）

3 當仍然覺得可行，考慮自己能否承受失敗風險

4 設立 Plan B（後備計劃，遇上困難如何解決）

5 咨詢身邊的人意見（除非某人於該領域十分出色，否則其他人意見通常以反對為主，只作參考之用）

6 如仍然覺得可行，就實行並不要後悔

　　當你發現有一個機會在你身邊出現：

　　首先，切勿讓自己的拖延症發作，應馬上分析這個機會的可行性，包括在心中粗略估算所涉及的風險及回報。

　　然後，如果你仍然認為潛力很大，就應去分析及思考一下，那些所謂的風險自己能不能承受得起，自己有沒有解決辦法。當面對比預期更差的情況時，預先想好不同的 Plan B 作出應對，再想想自己這些 Plan B 是否可行。

　　接着，可徵詢身邊親朋戚友的意見及上網尋找相關的資訊。在這一點上，必須要保持獨立的思考性，因為你身邊越親近的人，他們對於你這個計劃的贊同性會越低，因為他們不了解你這個計劃的成功機會，但當你出現困難的時候，第一個就率先會連累他們的生活（如果你有任何失敗的情況會影響對方生活的穩定性，包括你最親密的人），他們未必明白你的理想，卻首先看到風險。大部分人到這個階段就會放棄了，人就是有從眾行為，當全部人反對，就很難力排眾議，會對自己的想法產生動搖。（當然，其實他們的看法很大可能也是對的，即你看到的並不是機會）

　　所以身邊的人往往是自己最大的阻力，但他們的意見還是寶貴的，聽取他們的意見後，自己作出獨立的思考，想一想之前自己的想法會否太過樂觀，是否忽略了任何合理的風險因素，有沒有把那些風險計算在內？

　　最後，當已通過了以上六個程序之後，你可以正式開展你的計劃了。無論是一門生意，又或是開辦補習社都好，往往謀事在人，成事在天。只要盡力就好，但人往往就會猶豫，想再了解多點，想再等等機會，想再觀察一下，機會就是這樣一點一點地流走了，又或是拖了很久後，黃金機會已流走，但仍一意孤行地推行，也可能招至失敗。只要戒除猶豫行為，寧願分析途中發現弊大於利，計劃不宜再執行下去，及早放棄。這樣雖然也是沒有開展到計劃，但抱着這種思考及行為模式，當真正的機會來臨時，能把握住的機會就會比別人高。如果萬一不幸失敗，別太灰心，反思一下這一次的決策有什麼問題，營運中欠缺了什麼，令你在人生中累積更多經驗。

第二　後悔及怨天尤人想法

又有一些人永遠都沉醉在一種後悔或怨天尤人的想法中。他們可能認為小時候沒有好好學習，又或是抱怨自己為何永遠遇不上別人的好機會。在此老土點說一個比喻，就是半杯水的理論，你面前有半杯水，你的想法可以是：這裏還有半杯水，太好了；又或是另外一種想法：這裏只剩下半杯水，太可惜了。

任何時候都可有樂觀及悲觀兩種想法，那些常常後悔自己之前行為的人，就是一名失敗者常見的特徵。想轉變為一名成功者，就要扭轉思維模式，對於以前沒有做的事，只要下定決心，你今天就可以開始去做，馬上着手把情況改變。

古人常說士別三日，刮目相看。不再是吳下阿蒙等等，人只要下定決心，其實可在短時間內大大增強某方面的知識。例如你覺得自己小時候沒有好好學英文，在今天資訊發達、科技的年代，今天就可以重新學英文，不要給自己藉口，只要意志力夠強，執行力夠高，確是世上無難事，只怕有心人。英語常見的生字（Vocab）只不過約三千多個，其實可以在極短的時間內掌握到另外一種語言。

如果你永遠都在抱怨以前沒有好好學習。這一種後悔的想法終歸會拖累了你前進的腳步，只要抱着堅毅的決心，馬上去做，雖然不代表一定成功，但效果很快就會顯現出來。

另外有一些人往往有一種怨天尤人的想法，埋怨為什麼好機會永遠沒有來到自己的身上，埋怨為什麼父母沒有給予自己最好的培養，埋怨家庭背景為什麼那麼貧窮等等。這種怨天尤人的想法是不切實際的，當埋怨好機會並沒有來到面前時，其實可以去創造屬於自己的機會。

當然成功也包括少許運氣在內，有一些人真的可能一生不斷遇到好機會。即使運氣沒有那麼好，但總不會一個機會也不出現，只要機會一出現，你馬上張開雙手把這個機會握緊，才有機會步上成功的快車。至於埋怨家庭條件及父母簡直相當無稽，在這個資訊發達的年代，互聯網打破了地域的界限，大大減低獲取資訊的費用（Information Cost）。從前只有有錢人可以接收到的知識，只要你現在負得起上網的費用，你都可以有機會從互聯網獲得相近或相關的知識，科技已縮短了人與人之間的差距。

第三　作為創業老闆的你，自己變得越來越懶散

在剛開始創業的時候，自己對於計劃的思慮周密，每一個環節都會思考清楚。當成功創業後，古語云：創業難，守業更難。這句話絕無誇張，特別在現今競爭激烈的時代，當經營效率稍為下降，就已跟不上時代的節奏而面臨倒閉。

我在其他地區或國家逛街的時候，偶然會看到創業數十年，甚至上百年的老字號，他們在招牌處會標明始於何時。但在香港，真的相對地較少，競爭力稍為下降，已很難生存下去。我作為一名商人，經常有一個習慣，例如我去吃燒肉的時候，偶然會忍不住估算此店在繁忙時間有多少名客戶，每名客戶平均消費是多少，一天大約可接到多少客，再估算一個月營業額如何，開支如何等等。由於營商多年，對不同地方的舖租大約也有個預算，對不同行業的工資亦都可以粗略估算，然後就可即時粗略地估計到這家店舖的盈虧情況，這是我其中一個興趣。然後發現，在高度競爭激烈的環境中，稍為經營不善根本就難以生存，當我下次路過時，這家店舖可能已倒閉或易手了。

故此一間補習社或公司，經過創業期之後，當老闆認為生意已經上了軌道，如果自己越來越懶，就會發生溫水煮蛙的效應，青蛙在逐漸變暖的水中，不知不覺就熟透了。老闆在不知不覺越來越懶散中，生意就逐漸面臨倒閉了。

我有一個印象深刻的親身例子，通常學生家長來報名的時候，我一定會問對方在上一家補習社的補習情況如何，從而了解有沒有什麼不愉快的地方。

事出必有因，家長讓學生轉換補習社必定有一重要誘因，以下是經常遇到的例子：

1　上一間補習社導師過於嚴厲

2　學生被忽略、未能完成功課

3　導師沒有適當地針對學生的弱項作出專門教授

4　學習環境惡劣、經常轉換老師

5　核對功課後依然有錯誤、沒有依時幫學生預默默書、無理留堂導致學生反感。

還聽過一些特別對學生產生陰影的體驗，例如被偷東西、被非禮、被冤枉、因小事被老師重罰等。建議在補習社中載有學生資料的 Excel 或系統中，必須清楚列明每名學生當初因什麼事換補習社，當學生正式來到我補習社補習的時候，我會特別針對學生之前的不快經驗，作出提防，避免相同事件再次發生。

我很記得曾經有一個家長告訴我，在上一家補習社補了數年，見到老闆越來越懶，經常在補習途中就不見了人，只留下兼職導師

在為學生補習，有時一連數天都不見老闆本人，原本他小孩很喜歡那名老闆教的，可惜經常不見人而導致要轉換補習社。

這個例子只是冰山一角，身邊亦見到有一些創業者，當自己成為老闆久了之後，慢慢大幅增加自己的休閒時間。這裏要明確指出的是，如果想讓生意在你不在的時候亦都能夠運作自如，你必須要作出合理及適當的安排，例如當你不在的時候，公司能不能保持七成至八成的營運能力？你有沒有合適的替代者？意思是當你不在公司的時候，仍然有得力助手可以把業務暢順地運作。而不是好像我剛才那個例子一樣，老闆自己離開後，只交託所有工作給予經驗不足的兼職員工，如像這樣，生意很快便會由盛轉衰，危機已經慢慢前來了。

第四　問題出現，放任不管，視若無睹

常說旁觀者清，當局者迷。我在營運補習社的時候，經常問同事，公司有沒有什麼需要改善的地方？有沒有看見補習社出現什麼問題？有些時候即使是小問題也好，如不主動去查問，員工又真的不會主動說出來，而對於剛入職不久的同事，更加應詳細詢問他們如何可以改善營運，有沒有什麼建議？我就是要避免自己跌入盲點之中，恐防自己這刻自我感覺良好，但對潛藏的問題忽略了。我時刻提醒自己，基本上每天都會反省自己，思考補習社在營運中有沒有什麼潛在問題，而我並未察覺到。

往往在我經常思考的過程之中，就想起問題的癥結所在，然後馬上毫不猶豫地處理了。

以下我會講述一個親身良好例子及一個不良例子。

我在每一次學校考試結束後，都會記錄各學生的成績，當記錄完後，我會與上一次的考試成績作出比較，從而了解學生哪方面退步了，哪方面進步了。對於退步的學生，我會與各老師開會研究解決辦法，然後主動聯絡家長去跟進及溝通。

這只是其中一環，我還會繼續思考，在怎樣處理之下，學生才會改進。這是一個思考模式，如沒有這樣去思考自身公司的問題，災難就會在身邊潛伏。

真實例子（劣）

我所經營的其中一間分校本為合營有限公司，後來為節省繁雜的會計開支，改為獨資經營及改簽利潤分享協議。當向會計師行申請註銷有限公司時，我本知道需把有限公司銀行帳戶內的餘額調離。當向原其中一位股東提出時，她說不懂處理銀行事宜，希望我教她。由於事情本不複雜，我一怒之下再改向另一名原股東提出盡快處理銀行問題，他又說很麻煩，又怕什麼等一大堆顧慮。就這樣，處理銀行帳戶的事就被拖延下來。就這樣過了半年有多，最終在有限公司註銷那天，銀行帳戶內所有餘額同步被凍結。在香港，這情況下被銀行凍結帳戶，須要上法庭走一個法律程序，而且所費不菲，約需港幣一萬多兩萬元，執筆時，事件仍未解決。

別人有拖延症是正常不過的事，但遺憾的是我自己被影響了，沒有繼續推動其他人去完成應完成的事，我自認為我需負上相當一大部分責任。

再舉一個其他行業的例子：

對比二、三十年前，香港茶餐廳早餐的炒蛋，均會加入鮮奶，令炒蛋更香滑，而咖啡則基本上都改用即磨咖啡，令咖啡更香滑可口。如果仍然保持二十多年前的傳統方法，沿用老式方法去炒蛋，及泡出舊式較為苦澀的咖啡，除非餐廳甚有特色去標榜傳統港式風味，否則餐廳必定會由於競爭激烈，在其他新式早餐的壓力下令業務難以傳續。我不相信人們會不懂這個道理，只是天天如是地工作，當大環境改變的時候，就任由問題出現，放任不管，最終支持不住。

此外，當補習社規模越大，管理難度便越大。孫子曰：「凡治眾如治寡，分數是也。」意即當規模擴大，便要有一個良好的編制去管理。

第五　老闆高高在上，忽視其他人的意見

說句實話，作為老闆，其實身邊的意見真的未必有用，員工的建議可能是未了解問題的全面性而提出的，但作為業務營運者，即使員工的建議沒用也好，也應盡力向員工解釋你為何選擇現行做法，令員工們更了解公司，增加歸屬感。另外，餘下那一小部分建議就對公司業務或補習社的營運十分重要。所以要長期保持開放的態度，當身邊無論是同事、朋友、生意夥伴也好，當他們提出意見，有用沒用也好，都一概要虛心聆聽，有耐性地解釋讓對方明白為何這個方法行不通。這樣他們才會繼續給予你源源不絕的建議。所以千萬別裝出一副高高在上的姿態，這樣其他人就會閉口不語，別人的意見就好像一面鏡子，能夠見到自己容貌是否整潔，所以應多鼓勵其他人發言。

以著名的唐太宗及魏徵的故事作例，唐太宗曾說：「以銅為鏡可以正衣冠，以古為鏡可以知興衰，以人為鏡可以明得失。」如果你有一面像魏徵一樣的鏡子，恭喜你，你拾到寶了。正如唐太宗得一魏徵，當你犯下錯誤的時候，一來未必人人皆有能力察覺你的錯誤，二來未必每個人都會主動向你提出，特別是當他們知道你根本聽不進去的時候。為了避免這種情況，我經常在開會的時候會邀請其他同事指出我或者公司的錯誤。

此外，老闆高高在上還有一個致命傷。我在平時逛街的時候，都會特別留意同業的經營情況，有時我會走進去了解其他補習社的課程。我發現一個問題，很多中小型補習社，接待的那位職員應該就是業務擁有者，和他們的對話過程中便會感覺出來。有一些時候將心比己，會發現不理想的業務擁有者在親自接待其他客人的時候，缺乏笑容，一副高高在上的姿態，以教導口吻向其他家長訓示，當我代入客人與這位老闆的對話過程中，感覺就會不好受。

在這個以客為尊的世代，客人的感受必須重視。與之相反，良好的體驗就是接待那位職員充滿笑容，然後細心聆聽客人的需要，然後就客人（即家長）的問題作出合理的建議，在現今的社會，良好的服務態度是必須的。我有時候在想，為何在這數十年間，香港社會上各行業的大型連鎖店慢慢取代自家經營的小店。主要原因就是，大型連鎖店能夠提供較為統一服務態度，而且質素較為有保證，客人會預期走進大型連鎖店會得到良好的服務態度。

而小本經營的服務態度就非常參差，好的時候可以和客人打成一片，有說有笑，產生地區感情，而不良的體驗就可能是那位老闆心情起伏不定，經常對客人擺出不好的臉色，還出言嘲諷。我相信大家總有這樣的體驗，走進小店，可惜那天老闆心情不佳，態度惡劣，將心比己，如你作為客人，非不得已，如有其他選擇，也不會想再次走進這樣的小店。就是這一種飄忽的產品質素及服務態度，

令香港個體經營的小店逐漸消失於社會的洪流之中。所以，作為老闆及業務經營者，在親身接待家長查詢的時候，必須要放低姿態，以家長及學生的需要為先，提供良好的服務態度。摒棄那種高高在上的姿態，要經常在開會或與同事傾談的時候，邀請同事指出公司的問題或待改善的地方，然後再分析員工們的建議是否合理，如果他們真的直接說中公司的要害問題，就應該馬上處理。

老闆需要的是過濾，並及時修正公司已出現的問題。因為你就是掌舵人，但往往就是當局者迷，旁觀者清，所以適當地聆聽下屬的意見是必須的，容不下別人的意見很容易招致失敗。

第六　不要讓你的心情影響對客人的笑容

經營一間補習社，打開門招生，就會遇上各式各樣的小孩，以及不同要求的家長。你需要明白，很多小孩總喜歡把在補習社遇到的事，誇大地跟自己的家長說，而家長往往會首先相信自己的孩子，而不是相信補習社（人天性會首先相信熟絡的人）。面對這種情況，與家長有良好的溝通至關重要。

特別是有新學生加入補習社的時候，家長還未與補習社及老師們產生信任，以及不了解學生在補習社的情況。家長首先會做的，就是向自己的小孩查詢在補習社的情況。所以當有新學生加入的時候，補習社方面必須要主動向家長交代學生的學習情況，主動詢問家長有沒有需要跟進的地方，而不是等待家長投訴。

從另一方面來說，我經常掛在嘴邊：凡事將心比己。假如你的子女初到一所新的補習社補習，而子女回來又向你訴說補習社種種不是，如子女描述的補習社問題不是十分迫切，可能家長與其選擇投訴，更大機會盤算下月再轉到第二間補習社再試試吧。

根據之前所述的水桶理論，與家長溝通不良，就即是把水桶底的破洞增大，迅速提升補習社的流失率。為何市面上眾多補習社幾乎是無利可圖，甚至乎陷入虧損的狀態？就是他們在水桶底部的破洞實在太大了，很容易地就再次把新收來的學生流失了。

為了避免這種情況，我作為補習社的經營者，經常與家長接觸，特別在每月繳交學費的時候，會主動詢問家長：「學生有沒有哪一方面需補習社跟進？」等問題去主動了解家長的想法。請緊記，不要害怕家長提出意見，因為如果家長不提出意見的話，他們最終會直接選擇消失，所以聆聽家長的意見，然後作出針對他們孩子學習的改善方法，以及向家長交代學生學習的進度尤其重要。只要補習社方，無論是經營者或是負責老師，與家長建立關係後，當家長日後有問題，才會主動聯絡你，亦只有當他們已經對補習社產生信任，才會確信補習社可以協助他們解決學生在學習上的困難。

真實案例：

舉一個近期發生的例子，有一名低年級的女孩家長來補習社查詢及報名，我問他為何換補習社，家長直接說出由於學生在上一間補習社不斷被留堂，導致很不開心。我那時心想，如果和家長溝通，只要每天盡可能準時讓女孩放學就可以了。但如此容易的事，上一間補習社竟完全沒有察覺到。那一間補習社的學生原本就偏少，我估計他是為了挽留學生、教出成績，才每天不斷地把學生留堂，但這行為卻導致學生嚴重反感，家長當然會心痛自己的孩子，最終弄巧成拙，又增大了流失率。如果雙方有一個簡單的溝通，家長只是簡單地向補習社提出別這樣每天留堂，相信這一間補習社就不會產生這樣的流失機會。奈何表面上很簡單的事，偏偏人就是會容易忽視。

第七　缺乏新思維，缺乏改變

人往往在剛開啟新事業的時候，思慮會較為周密，設想每一種環境下自己應該如何應對，但經過創業期、業務上了軌道之後，就往往會變得因循面牆，缺乏新思維，對環境的改變缺乏觸覺，缺乏改革的動力，久而久之，業務就會開始走下坡。

我在經營補習社多年之後，時刻警惕自己，在面對環境的改變，如何可以保持不斷創新的動力，而不是墨守成規，只跟着多年前的成功經驗繼續走下去。故即使經營環境沒有大改變，我亦會不斷思考，思考如何提升補習社的教育及營運質素。

我經營的補習社在經過多年的發展後，逐步有更多的分校，學生及老師（全職及兼職）的數目皆大幅提升，但當規模變大之後，經營效率就會下降。後來，我在公司結構及家長的角度上作出了一個針對性的部署，由於本中心旗下老師眾多，當家長來報名的時候，我很清晰地告知每位家長，世上沒有最好的老師，找到一位和學生合得來的便是稱職老師。如補習上有任何問題，或想再試試其他老師，歡迎馬上告知我，可立即安排換另一名老師再試試，直至找到一位適合學生的老師為止。

在我用這種新的收生模式後，又運行了幾個月，便漸漸地在家長中傳開了。後來竟然有一些家長在報名的時候，已經知道這裏的賣點就是可以嘗試不同的老師，直至找出一位適合自己孩子的老師為止。自此，可以自由選擇老師這個賣點，就開始在家長口耳相傳之中傳開了，導致收生繼續上升。在這樣的安排下，我在盡力保持教育質素的同時，亦增加了老師間的競爭性，清楚地指出提供不同老師選擇，就是本教育中心其中的一大賣點，當家長主動提出換老師，我會毫不猶豫地馬上安排，從而促使老師們良性競爭，以更優質的方法給學生補習。

在我懷疑補習業務是不是到頂的時候，再次取得重大突破，口碑亦繼續得以保持，化解規模變大後的問題。而且在新思維方面，仍然幾乎保持每年都會有一些新的做法，包括日語班、魔術班、暑期班派對等等，過往甚至曾經在補習社內找了其中一間較大的課室打乒乓球。業務就像逆水行舟，不進則退。只要不斷作出新嘗試，才會有一種繼續提升及改變的動力。

第八　拖延症發作，缺乏執行力

在本書中，我反覆強調拖延症的禍害及執行力的重要性。我經常在開會的時候指出，在現今的社會，高學歷及高知識的人士比比皆是，但不見得所有人都取得成功。為什麼？因為大部分人都缺乏執行力，小部分有極高執行力的人，就在這個社會的金字塔中佔據頂部的位置，而社會金字塔的中層和底層的人，主要並不是由於他們學歷不夠，而是他們的執行力低下。不只是在經營補習社或一盤生意，當一個有極高執行力的人，即使在大公司工作，也可以扶搖直上。

我以前在大型電訊商工作過，以大公司為背景舉一個例子。當公司業務發展產生任何問題的時候，其實可能很多同事都看得到，但往往大部分人都不會出聲，他們覺得自然會有人思考解決辦法，關自己什麼事。在這個時候，如果你作為一個低階層的員工，馬上向公司提出你已察覺到的問題，附帶不同的解決辦法讓管理層去抉擇，如果舉措合宜，方法可行，就馬上可令管理層另眼相看。因為十名同事裏，有九名皆做不到，又或是他們只會提出問題，但沒有附上有效的解決辦法，很快當公司空缺來臨的時候，他不把你遷升，還能遷升誰呢？

　　當公司裏的流動性越大，升遷的速度便會越快，反之，流動性越少或同事間競爭性弱的公司升遷就會相對較慢（當然如對自己充滿信心，應考慮轉換競爭性較強的公司）。所以別抱怨為何升遷的機會往往輪不到自己，因為在商業社會裏，唯才是用，便會讓極高執行力的同事搶得先機。一個執行力高的人不代表他特別聰明，往往只是他們用相當長的時間去思考同一個問題。我有時自覺就是這種人，我從來不覺得自己特別聰明，我只是在每一日裏，反覆思考如何可以改善補習社的營運情況，到底還有沒有被我忽略了的地方？有沒有潛藏的問題我未去解決？將同一個問題反覆思考，才會想出一個較為周全的解決辦法，然後再三思量，思考這個解決辦法有沒有任何漏洞，即使沒有漏洞，我會再設立一個 Plan B，當情況不如預期的時候永遠讓自己留一條後路，就是這個思維模式一直引領我工作下去。

　　作為老闆及業務擁有者，執行力不單要好，而且還要是全公司最好的一個，這樣才可以推動下屬去把事情做好。而且更重要一點：說話要算數，說得出就要做得到，即使做不到，亦要向各位交代原因，令其他同事明白你對於每次的計劃皆有跟進，不是說說作罷。

　　最後，亦是最重要一點，以上八種導至失敗的原因即使在你創業初期能保持高度警剔，避免自己犯上。但在捱過了創業期、步入守業期後，亦要時時刻刻繼續警剔着自己，別忘記自己當日創業的辛苦，讓業務能在變化及競爭激烈的環境中繼續生存。

補習社成功的 9 項要訣

第一　時刻推算事情最可能發展的方向

孫子曰：「夫未戰而廟算勝者，得勝多也，未戰而廟算不勝者，得勝少也。多算勝，少算不勝，而況於無算乎！」

太陽底下無新事，已發生的事往往不斷重複，人生就好像在一個圓圈之中不斷地順着一個方向行走，世事亦好像這個圓圈一樣，不斷重複發生及再出現。推算事情最可能的發展方向，非不能也，太多人只是不為也。但凡有新學生加入，我都會觀察他的行為，內心思索他是否適應及有沒有不開心的地方，再估算家長滿不滿意，從而推斷這名學生月底會不會流失。如果我發現任何一個環節出了問題，就會馬上作出相應的行動去改善。

又例如，我長期會觀察每一位同事，留意他們工作有沒有感到不開心，有沒有辭職的潛在可能性等。當然我沒有水晶球，永遠不會 100％地完全預料準確，但這是一個習慣，只要長年累月堅持這個習慣，就會越來越準確，往往對事情最可能發生的後果，已經可以憑過往累積的經驗提前預料及準備。

面對潛在流失的職員，如果他值得挽留，就必須要嘗試解決他內心的問題，工資低？壓力大？工時長？與同事不合？等等。

如果這名職員工作能力偏低，反而要衡量輕重，因為長期留一名沒有工作熱誠的職員，反而會拖累營運，人是有感情的動物，但切忌感情用事。這時應該馬上部署聘請一位新老師的事宜，員工的流失並不可怕，我在一家上市公司的年報中看到，作為一間有十多間分校的補習社上市公司，每年老師的流失率高達30%以上，可想而知，這間上市公司平均每年有接近三分之一的老師會流失。大機構的工資及福利比小型機構更好都尚且如此，小本經營的補習社當然會面對着同樣的問題。若這名潛在流失的職員，你已發覺他的工作表現正在走下坡。這是讓他離去最好的時機，只需要早一步安排好招聘廣告，早已安排好求職者的面試，當職員辭職的時候，就可以馬上填補這個空缺。

總有些人剛入職時充滿幹勁，但時間久了，就會越來越懶散，這種情況是最難在見工面試中察覺，所以有些職員能長期保持穩定表現，確實彌足珍貴。

作為補習社經營者，對於自己親自任教的學生當然會十分了解他們的情況，但由其他老師任教的學生就不一樣了，學生越多，你便越難記得他們每一名學生各自不同的情況，這時就要更細心觀察，不斷詢問及推動其他老師去注意新學生的潛在問題，萬一這些學生每天的功課皆不能完成，又沒有預默默書，而負責老師又視而不見、沒去處理，這樣事情最可能發生的方向就是：學生會流失。在學生流失發生前，你需要立即撥亂反正，給老師作出明確的指示，例如為學生設立進度表，並馬上加強與家長溝通。請緊記，別生氣，員工往往需要指引的，若沒有適當指引，是老闆不對；若已給予大量指引而員工仍然處理不好，才是員工不對。

另一個考驗到經營者估算能力的機會就是暑期班，每年的暑期班是各教育中心及補習社最能發揮創意的時機，亦是最顯現差別的

時候。作為補習社經營者，需要推算學生及家長的期望，了解家長們需要什麼？怎樣的課程才有吸引力？怎樣才可以最大限度地令學生們既愉快，又可以學到新知識？

所以在設計課程的時候，必須要估算這個課程對學生是否吸引，家長的接受程度又如何。還是那句話，只要你經常保持這一種思維及處事模式，你就會在日積月累的經驗中，慢慢繼續成長，不斷進步。我會把暑期班設計成一種「點心紙」的形式，家長及學生可以選擇不同的科目，有不同的配搭及組合，亦有不同的興趣班，最終根據各學生的需要，配搭出每人不同的獨特組合，免卻需逐項課程報讀的不便，一次過便可把暑期課程選擇完成。

歐陽修有一篇文章名叫《賣油翁》，故事講述有一名箭術高超的人叫陳堯咨。有一天，陳堯咨在練習射箭時，剛好賣油翁經過，賣油翁對陳堯咨的箭術不屑一顧。陳堯咨就問他，我射箭不厲害嗎？然後賣油翁就在地上放一個葫蘆，葫蘆口再放一枚銅錢（方孔錢），然後手拿油瓶在高處把油倒進葫蘆中，而銅錢竟然沒有沾上一滴油。

賣油翁就是想帶出，工多藝熟的道理，惟手熟爾。

胡適亦有一篇經典文章，《差不多先生傳》。故事諷刺中國人往往做事既不認真又馬虎。香港的課程在這數十年內，《賣油翁》及《差不多先生傳》都是必修課文內容之一，每一名在香港長大的學生都曾經讀過這兩篇文章，我覺得教育局選這兩篇文章入課程內實在很有意思。雖然每名學生都曾經讀過，但真正做得到又有幾人？

只要成為了差不多先生，就不會去推算事情最可能發展的方向，因為這樣做太麻煩了，所以要戒除陋習，做到習慣成自然，只要你習慣凡事皆去推算最可能發生的方向，工多藝熟，久而久之，就會對大部分事情的後續發展變成自己意料之內的事了。

第二　任何事都設一個後備方案

先以去年一個招聘的例子作說明：

真實案例：

我去年招聘了一名新員工去頂替即將離職的老師。由於很難確認新員工是否可靠，所以在招聘這一名員工的時候，我便作出了種種後備方案，包括如果這名新招聘的員工覺得這裏工作不適合（大部分人去到一個新環境，總是處於較為緊張及感到不自然），我早已預備了兩位可即時上班的後備選擇求職者，然後我再估算如果可即時頂上的後備求職者再有問題的話，我亦已安排了數名現在已任職的兼職員工可增加工作日子來頂替，馬上填補這個工作空缺。

＊最後首名新員工工作第一天就說壓力太大不適應，然後我以其中一名後備選擇求職者頂上，一直工作至今。

只要在補習社經營上，任何事都已預先定立 Plan B 的話，就不會方寸大亂了。當員工遇上問題，他可以尋求上司及老闆的協助，但當老闆遇上問題可以怎麼辦？可以找誰協助？答案就是你的 Plan B，只要一早已經設立應對不同情況的 Plan B，當事件發生時（太陽底下無新事，已發生的近似事未來定會再發生），馬上已經可以有適合應對的方法去解決。如前所述，這是一種行為模式，久而久之習慣成自然，心中就自然會為每一種可能的情況作出後備計劃，這樣就可以確保補習社的營運不會突然出現重大變故。

再舉一個例子，很多時候兼職員工只是一名大專生或者大學生，他們可能年青想法多，未必具有責任感。如果你預期他們每一位都會準時及有交代地上班，存在這想法才是你的問題。你必須要先預備每一名兼職員工如果突然請假的時候，可以找誰頂上，如果連後

備員工都發生問題的話，你有沒有 Plan C 呢？如果沒有一早計劃好的話，當有員工請假，就會馬上方寸大亂，令補習社營運產生問題，其實只要早已預備好多名可以隨時增加工作日子去頂替的兼職員工，當事情發生，只需按既定程序去通知後備員工，這樣就方便多了。

第三　不同情況下代入對方的想法

這是我年青時從事銷售工作時學來的，代入客人想法，猜想他到底需要什麼。作為一名成功銷售員，這個能力是必不可少的。

每一個決定，每一件事，背後總有原因（There is always a reason behind）。每一名家長不滿，每一名學生不開心，每一名員工離職，每一個生意失敗，背後也有原因。你不能只抱怨學生調皮，不能只抱怨家長多要求，不能只抱怨員工工作表現。你要代入他們的想法，代入你作為家長，難道你會不緊張自己小孩的學習情況嗎？你要代入學生的想法，難道你會每天很喜歡放棄去玩樂的時間，而去補習嗎？你亦要代入員工的想法，難道你不希望取得更高的工資及更少的工作量嗎？只要你明白這些道理，就不會覺得這些情況出現的時候感到十分苦惱，因為一切皆是人之常情。只要你處之泰然，自然會以別人的角度找出更適合大家的處理方法。

某些反面例子就是，經常覺得發生這樣的事情很麻煩，發生那樣的事情令人很苦惱，如果你不能控制自己的情緒，你就不適合作為決策者，因為世界往往不如意事十常八九，你只需要明白每人背後都有自己的原因及動機，他們提出意見或投訴並不是早有預謀，只是站在自己的立場思考罷了。一旦你使用這種新思維模式，不單止可以較從容面對，而且往往可以從對方的角度找出一個更理想的解決辦法。

第四　在補習社給予空間讓學生建立群體，產生歸屬感

明白現在的店舖面積一般都不會太大，但之前也說過，選店舖盡可能不要選樓上舖（樓上舖主要靠口碑、外牆招牌及網上宣傳），亦不要選擇面積太少的店舖，面積最少要有 530 平方公尺以上，較理想是 750 平方公尺以上。除了課室教學空間外，盡可能要劃一個區域給學生自由休閒。如果經營模式只是學生來補習，補完習就要離去的話，他們難以在補習社建立自己的社交圈子，亦難以對補習社產生感情。人的感情總是很複雜，除了要幫到學生學業取得進步，家長又要接受補習社的理念，學生又要接受老師的教導，不能過於嚴厲，又不能過於寬鬆，最理想是令學生在補習社建立了社交圈子，和補習社其他的同學產生友情，這樣他們才會對這間補習社產生歸屬感，所以在店舖內劃一空間用作學生休閒之用，無論是吃零食、聊天、看書等等，都是必須的。在我兩間主力分校中，都設有一個區域作學生休閒之用，學生們在補習社交了不同的朋友，即使家長覺得補習情況不過不失，當考慮想轉換其他補習社的時候，學生亦未必願意，家長就會覺得多一事不如少一事，因學生對補習社及其他學生產生感情，亦由於產生歸屬感，往往在教導的時候可以事半功倍，特別是在考試前，令學生明白到要認真讀書的時候來了，能夠帶動起群體氣氛，切勿小看這一點，這個是我其中一個經營要訣呢！

第五　盡可能由同一名老師陪伴學生成長

我剛經營補習社的時候並沒有這個做法，最初的做法是由個別老師負責特定年級，這樣的好處是令到老師們對特定年級的知識較為熟悉，壞處是學生對老師歸屬感不太高。後來聽說我居住的區內有一間著名的小學，校長的理念是由班主任一直負責同一班學生，

由一年級至六年級，六年之後，又重新再由一年級教起，以此形成一個循環，與學生建立深厚的感情。我對這位校長的理念深表認同，馬上全面引入到我的補習社來。現在補習社實施都是老師全面陪伴學生成長，如老師能力許可，直接由小學一路過渡過到中學，令學生覺得即使學校的班主任變了，學校變了，校長變了，唯獨補習社的老師一直不變，看着自己長大。我亦會鼓勵自己的員工一直保持學習，當學生慢慢在升年級的時候，老師們亦要不斷增加自己的知識，以應付教學需要。除非家長要求換老師或老師辭職，否則基本上都會一直由同一位老師一直陪伴學生成長，當然大前提是這位老師一直長期任職。

第六　讓學生及員工感覺公平及公正

先回到自己小時候的角度，詢問自己什麼老師最令學生討厭？並不是一位嚴厲的老師，而是一位偏心的老師！古語云：「以德服人者仁，以力假人者霸。」更何況以力假人者還偏私呢！

試回想自己小時候，無論是小學或中學的時候，有沒有遇到一些老師，永遠對自己喜歡的學生特別好，對其他一般學生就採取忽視態度，然後特別針對班裏討厭的學生？這樣的老師往往最令學生討厭及反感。長大後即使進企業裏工作，這樣的上司亦是最令人反感的，他們培植自己的心腹及小圈子，做事不能一視同仁，不能公平公正。

在我開始創立補習社之前，我一直提醒自己，用人絕不能用這種員工，自己更絕不可成為這樣的管理層及老師。在日常補習社的營運中，我儘量不會和某一位員工特別親近，都是以一種一視同仁的方式，對學生如是，對員工（即大部分老師們及少量文職）如是，

做得好就讚賞，做得不好就責備，務求改善表現。在任用員工的時候，亦要儘量避免他們作為補習老師時產生這種情況，我記得其中一位被我辭退的老師就是有這種問題，她只顧着自己喜歡的學生，對新來或她不喜歡的學生不聞不問，這樣她在同一時間任教的學生數目便會大為減少，而且她在補習途中只關注某幾個自己喜歡的學生，令到學生學業成績整體水平下降，大部分學生被她忽視，最後我忍不住便把她辭退了。

人無完人，十隻手指也有長短。明白到在每個人的心中總有一個天秤，對待任何人或事，在內心深處難以做到絕對的平等喜歡，但絕不可以被別人看出來。即使內心有多喜歡那名學生，他做錯的時候亦必須公平地予以糾正，即使內心有多不喜歡那名學生，他做對的時候亦要讚賞。無論對自己的員工，對家長，對學生都能做到公平及不偏私這一點，就已經在管理上取得初步成功的基礎了。

第七　成為補習界的任務兔子（Task Rabbit）

在外國，有一個網站名為 Task Rabbit（任務兔子）。當我理解到外國有這一理念的時候，大為詫異，這個方式實在妙極了。然後我馬上把這理念全面引入到經營補習社當中，這個亦是我不斷求進步、不斷改變的例子。我經常開會時也會說，小學一年級及二年級的知識那麼簡單，為什麼要來補習？難道家長不會嗎？大部分的答案都是否定的，家長們不單懂得這些知識，而且在長時間單對單的教授下，還有機會比補習社教得更好，但他們為何仍然會選擇把自己的小孩送到補習社學習呢？這個問題的答案有兩方面：

第一，可能他們不想勞氣，不想傷害親子關係，願意付出補習費，希望補習社能解決及分擔他們的困難。

第二，書本知識雖然不難，但家長們希望補習社更有「方法」去協助學生學習，去改善成績。

當我了解到任務兔子這個理念後，我向每位員工、每位老師說明，我們就是補習界的任務兔子，要清楚了解家長的要求及需要，如果我們補習社能做到及能安排到的，我們儘量配合。只要補習社能提供的服務夠全面，就會形成剛性需求，而不是空中樓閣。在新冠疫情期間，捱過疫情的補習社很多都是這類提供全面服務，對於學業成績高、中、低的學生都有相關課程覆蓋。

如果補習社高高在上，做事只根據本身既定的方法去營運，不知變通，對於家長的一些小要求，往往忽視或置之不理，完全沒有幫家長解決他們困難的心態，往往未到逆境時，已難以支持。

如前所述，在我經營的補習社當中，最著名的課程便是一對二私補班。在融入任務兔子的理念後，學生及家長想學習的，只要補習社有老師具備相關技能，即可教授，而且一個收費（補習社最忌收費及課程異常複雜，令家長望而生畏）。

並且將補習社課程內容變得甚為多元化，包括繪畫，日文班，升中面試班，寫作班，一概融入到一對二私補班當中，收費簡單，而且可以隨時根據學生需要或家長要求彈性轉換課程，令課堂內容甚具彈性，充分根據市場需求發揮老師們的潛能。而且，補習途中，面對學生已經掌握的知識，可馬上跳過；面對學生感到困難的知識，反覆重新教導，務求令學生明白及了解為止。此做法亦可大幅提升學習效率，令學生不需在已掌握的知識裏繼續繞圈。

由於每一堂可以根據家長及學生的需要而修改（當然老師也會給予意見），故在一名老師對兩名學生的學習中，令到補習老師有充足的時間去解答學生的問題，我們更加會避免兩個學生是同年級

或是同科目，儘量做到各自學各自的，自己攻克自己學習上的難關，不要比較，沒有比較就沒有不開心。

即使在平日（星期一至五）的功課輔導班上，亦可作為任務兔子的形式存在。有一些家長希望學生完成所有功課，包括抄寫及網上功課，我們會配合；有一些家長希望抄寫功課拿回家才做，善用在補習社的時間默書及溫習學校新教知識，我們亦會配合做。

作為任務兔子，補習社的作用是解決家長的困難，而不是給家長帶來困難。家長就是覺得親自任教有困難（例如工作繁忙、學生不願學習、自己沒時間等原因），才將孩子交到補習社，如果孩子來到補習社後，老師又再重新告訴家長，學生在補習社十分調皮、不願學習等，請問最終幫家長解決了什麼困難呢？無疑又把家長的困難再次交回給家長，令家長「貼錢買難受」。

所以作為補習社一直要做到的，就是要為家長及學生提供一個解決方案（Solution），而不是一個問題回報者（Problem Reporter），學生有不同的問題，就要思考不同的教學及解決方法。

在這想特別說明一點，有特殊學習需要的學生大約佔了一間小學總學生 10％ 左右，所以在補習社中，也應會有大約 10％ 或以上的學生有各種學習障礙，包括讀寫障礙，多動症，語言障礙，自閉症等等。這是經營補習社為社會作出貢獻、為家長及學生解決困難的一部分，對於有特殊需要的學生，由於每位學生的困難都不一樣，我常常會思考如何可以幫助他們改善學習，有一些時候並不單止改善學習那麼簡單，更希望令他們建立自信，令他們自己長大後亦可以活出精彩的一頁，這亦是作為任務兔子的一部分，協助家長把有特殊學習需要的學生教導好。

第八　用數字分析輔助經營及管理

　　我在打工生涯中，曾經遇到一位管理層，他指出一個概念，「數字是不會騙人的」，以及「大話怕計數」，他經常把這句說話掛在嘴邊，後來我離開該公司及轉行，但這句說話一直在我心目中。數字真的不會騙人，員工（即老師們）的工作表現，每個人的能力差異等，總可在數字中反映出來，而且在數字面前不容抵賴，數字有極強的說服力。

用數據來協助管理

　　首先，分析各老師的學生流失率，我每個月都會做統計，在一段中長期時間裏，就會發現最好的老師和最差的老師，流失率相差甚大，不是相差數十個（％）百分點，而是相差十多倍（即是一名學生，安排給這名老師，流失的機會高十倍）！面對學生流失率持續上升的老師，我認為只要該老師仍能保持長做的心態，作為僱主及補習社經營者，是值得繼續培養該名員工的，但必定要長期針對該員工的教學、溝通、處事手法、知識等作出指導及改善建議，只要該員工是有決心，經驗總會慢慢累積的。反之，如果該名老師的學生流失率持續上升，但沒有改善的意欲，為了補習社健康長遠的發展，請及早辭退他，以免做壞口碑，引來更差的不良後繼反應。

　　第二，分析各老師任教學生的學業成績，然後就會發現每位老師的長處不一樣之下所帶來的反應，有一些老師擅長於教導精英學生，有一些老師擅長於教導數學有困難的學生，有一些老師擅長教語文科，亦有一些老師懂得處理紀律問題，但對學生任何科目都沒有明顯的提升，亦有一些老師會留意到學生們那一點退步及出現危機，及早處理，令學生成績大致穩中求進。作為補習社經營者，必

須要對每一位老師的特性相當了解，例如那名學生屬於精英學生，就不能安排這名學生去一位有耐性但反應慢的老師，這樣老師不但吃力，學生亦不會認同該名老師，如果出現這樣的安排，是補習社經營者親手送走這名學生的，不能怪老師，因為你就是老闆，理應對每位老師的特性都具備相當的了解。

第三，引入佣金制，以薪金反映個人能力差異，營造公平效果。由於每個人的能力差異是如此之大，所以在聘請老師時，引入及使用佣金制是最公平的選項，高能力的老師會獲得高額報酬，低能力的老師亦不能怪別人，只能怪自己尚有不足之處。這樣才可以達到較為公平的環境，令有才能的老師有較高意欲留任。此外，在不傷害自尊下，適當地公佈各老師的任教數據，包括任教學生的數量及成績等等，亦有助促進老師們互相學習對方的長處，從而激勵較弱的老師繼續努力向上。透過各員工數字上的差異，更有助作為補習社經營者的你分析出哪位員工出了問題，缺乏經驗的員工經常會不自覺地作出一些在他心目中正常，但實質出大問題的決定，透過分析家長投訴數目，就很容易歸納出到底是該名老師所任教學生的家長特別多問題，還是該老師本身處理手法有問題。

我經常掛在嘴邊，「一個人討厭你，可能是那個人有問題，又或是你和他難以相處，是個別例子。但當大部分人都討厭你，就不能說所有人有問題，反而要檢討自己哪裏出現了問題」，投訴亦如是，當個別某一位家長投訴，可能是該家長要求特別高，達到不合理的程度，但當眾多家長投訴，肯定是那位老師出了問題，所以數字會幫你及早辨認出問題的所在，協助業務持有人，作出更佳決定。

第九　堅毅及決心

別抱怨自己的過去，別抱怨自己的家庭背景，別抱怨自己的遭遇，因為這一刻你就可以決定改變自己。一個失敗者總會為自己找來很多的藉口，抱怨小時候沒有好好學習，抱怨沒有人欣賞自己的才華，抱怨父母沒有能力投放太多資源在自己身上，抱怨沒有遇到適合的機會、夥伴等等，失敗者會把失敗的原因歸納到其他因素上；而一個成功者，就會將以上的思想全面反轉，成功者將困難的因素從自身角度出發去思考，以及執行各項解決方案。而且成功者會把每一個遇到的困難、每一次失敗，變成自己的學習機會，最終化為自己經驗的一部份。經一事，長一智，世間上沒有任何事會太早或太遲發生，隨時做好充足的準備，時來運到，就可以把握機會一鳴驚人了。

劉備的例子：

劉備在五十多歲的時候，仍然在劉表的麾下，駐紮在新野這個小地方中，他用了大半生去積累經驗，等待時機，不斷學習及努力，最終憑着與孫權聯合在赤壁之戰中擊敗曹操，及後佔領荊州，進駐益州，成為三國之中蜀漢的皇帝。

邵逸夫的例子：

創立電視廣播（TVB）的邵逸夫，在五十八歲時，繼續為自己的影視王國作出重大改變，很多人在這個年齡都準備退休了，邵逸夫正打算進軍一門新的行業，去大展拳腳，創立了香港第一間電視台，電視廣播（TVB）。

　　我自己的父母亦是一名普通的打工仔，他們唯一的經商經驗就是在我小學六年級至中一數個月的時間裏經營了一檔報紙檔，最後也由於種種問題把報紙檔轉讓出去，他們的結論就是營商有很高的風險。我所有的營商經驗都是靠我自己親身去體驗，從不斷失敗中去學習，把握機會與成功的商人去傾談，從而吸收他們的智慧及經驗。我在剛創立補習社的時候，每天早上總會花時間去溫習課本知識，花了約一年的時間，便把小學的知識溫得滾瓜爛熟了。那年我已經年過三十歲，與其去抱怨過去，倒不如馬上作出行動，去改變未來。

　　在執筆的這段期間，我還在溫習高中，中四及中五的數學呢。從剛開業時補習小學，到現在補習初中及高中，因我不甘心自己不懂得某些知識，除了化學及物理等令我感到困難外，其他各科目，包括中文、英文、數學、中國歷史、世界歷史、地理、初中的科學，基本上非化學及物理的所有科目我都會涉獵，我希望盡我所能去解決學生不同的學習疑難。

　　在這些的科目中，高中數學是一個挑戰，要認識所有基本高中數學的基本計算方法並不困難，但數學往往高深莫測，最困難的題型仍然千變萬化，所以我也需繼續不斷努力學習。

　　相信大家亦有聽過複利增長的威力，但有一些人總會原地踏步。我覺得，有沒有輪迴皆好，今生只活一次，我希望盡我最大的努力去發熱發亮，所以我在人生不同的階段也會抽時間去學習不同的知識。另有一些人在每天累積的學習過程中，透過複利增長的威力，一直堅持終身學習。一年後對比現在已經有很大的改變，更何況多年之後？只有令自己的知識及能力一直保持在增長之中，便不再是「吳下阿蒙」了，文憑只不過是一張紙，知識卻一直在你腦中。在社會中，一名成功的人士，就是能夠把所擁有的全部知識結合，然後再靈活交叉地在現實各種情況中運用出來。

與學生相處

　　由初出茅廬到創立補習社，必定或多或少有不同的閱歷，自己個人的性格已經大致定型了，切勿勉強自己去作出根本上的改變，做回自己就好。在這一篇中，借此機會分享我平時如何和學生相處，以及一些看法與思維，我也只是做回真正的自己罷了。

　　我由衷喜歡小孩子或年青人那種純真及率直的品性。小孩從小的教育十分重要，我覺得教育以及補習這個工作很有意義，是我理想的工作。陪伴學生成長是我的核心理念。

陪伴學生成長

　　之前篇章都有提及，我自己經營的補習社奉行「陪伴學生成長」的方針，其他老師可能由於辭職及其他因素，令學生補習生涯中要轉換老師，但我本人是公司其中一名一直存在的老師，由我親自任教的學生，看着他們由充滿童真的小孩，到步入青春期面對各種生活轉變及挑戰，後來面臨 DSE 的重大考驗，內心真的覺得他們就像我半個子女一樣，很高興看着及陪伴他們成長。在看着學生成長的同時，我自己「不服輸」的性格作祟，在不斷備課及學習下，自己的知識也能同步大幅提升，由一名小學補習老師，躍變成一名全能補習老師，對地理、科學、人文、歷史、中國文學、數學等科目透過不斷自我進修，現在皆有涉獵。

何謂公平？

　　我有時可能比學生們的父母更直接地指出這個世界的真相。例如，以前經常有補習學生問我，為何某學生的補習功課特別少？而他的功課就較多呢？對於這個問題，由始至終我都以直接了當的方式解答，我會跟他們說，這個世界原本就是難以有絕對公平的，如果你勉強要追求絕對的公平，只會一生痛苦，倒不如現在由我告訴你，每人心中的尺度都不一樣，你認為公平，別人就可能認為不公平，絕對公平根本難以存在，但凡事斤斤計較的人，必定痛苦，將來亦難有成就，倒不如現在開始接受。更甚者，每個人的目標及能力都不同，例如普遍中學的夜校功課比日校少，是否這樣就要轉去夜校讀書呢？不同功課都是為了學生自己將來準備，比較是沒有意思的，我對於某些有學習障礙的補習學生，更是差不多從來都不給予功課的。所以在我的課室內，學生們是不會比較誰的功課多，誰的功課少。諸如這種問題屢見不鮮，作為補習老師，切忌被學生問到「口啞啞」，若這樣，補習老師便難以得到學生信服。由於我長期以「這個世間的真相」，以我心中的答案去回答學生問題，而不是以一些官方及離地的答案告知學生，久而久之學生們就會明白及信服。

零用錢

　　另外一個常見遇到的問題就是零用錢，有別於數十年前的香港，現在部分家長對子女干預的程度越來越大，他們幾乎安排好了子女的一切，認為他們根本不需要利用金錢，子女們想要的東西，這些家長已全數給子女們添置了，所以一直不給零用錢，直到中學也有學生如是。

　　這樣可能會對學生造成一個負面的心理陰影，誰不想財政獨立？誰不會和別人比較？別的學生都有零用錢，為什麼自己就沒有呢？久而久之又對學生造成一種不平衡的心理，而且對於金錢的運用，應該從少就培養，自己承受自己亂花費的後果。反之，如果家長連這個機會都不給予學生的話，試問如何能令自己的子女全方位成長？遇到這種情況，如果我已感覺到該學生情緒已經受影響的時候，我通常也會找機會跟家長談一談，跟家長說，將心比己，大家小時候到這個年紀一定已有零用錢，為何每天十元或每天二十元都不願意給予呢？給予學生的不只零用錢那麼簡單，也代表一份人人都嚮往的獨立自主權，亦代表父母對子女的信任。

交朋友

　　亦有一些家長不喜歡自己的小孩跟別的小孩玩耍，怕學壞，這個想法實在不妥。小孩需要自己的社交圈子，作為家長不能總害怕他們學壞。如不給予小孩與其他小孩們正常交流的機會，總在溫室中長大的小孩是經不起風雨的。如果小孩在父母這個極盡保護的溫室下長大，當他們離開溫室（畢業）進入社會的時候，會容易面臨很多的挫折，長期保護下難以形成強韌的心理質素，遇上挫折時會令他們難以承受。

　　反之，如果從少積累挫折及失敗，他們在長大的過程中已經經歷過各種各樣的失敗，與各式各樣的同學交流過，有好的，有壞的，反而有機會令自己認清楚目標，而不是只跟從父母鋪排好而硬性給予的目標，所以在過度保護長大下的小孩，到長大後，踏入社會的時候，仍然非常依賴父母，導致沒有自主性，缺乏批判性思考，只懂得麻木遵從，嚴重影響步入社會之後的發揮。更甚者，有可能因長期高壓管教而造成抵抗父母的逆向心理。

價值觀

亦有一些父母會干涉自己子女使用零用錢的方向，他們可能忘記了自己身為小孩的感覺，試問哪一位小孩未曾試過購買無聊的小玩意呢？我偶然有機會與學生們的父母談及此事的時候，都會和他們分享，如不是太過分，作為父母倒不如睜一隻眼，閉一隻眼，就由他罷了。作為父母，總不能常以自己現在的價值觀來和青少年，甚至乎小孩的價值觀作比較，在你的眼中，他們購買的東西很多都是無聊及無用的，沒有意義。但在他們眼中，這些可能是非常有趣的東西，在小孩的心目中，會因為獲得這些東西而感到十分高興。當人長大了，這種純粹又簡單的高興會慢慢變少，人到中年，即使換了一間更大的房子，花費數百萬甚至過千萬的港幣去添置新的房屋，亦可能只會把這份喜悅保持一段很短的時間，我反而羨慕小孩那種發自內心的開心。作為父母的人，又何必過分干預小孩使用零用錢的方向呢？凡事適可而止則可。

和學生分享看法

有一些學生經常問我為何不進中小學裏教學，我直接告訴他們，我很喜歡在自己經營的補習社裏任教，我可以隨時發表自己對所有事情的看法，有很多時候甚至書本上沒有的，早就跳出了學校、跳出了書本。在中小學裏，就必須接受校長的指示去任教，這樣便規限很多，我想和各學生分享自己對社會上各式各樣事情的看法，同一事件根本沒有絕對的對或錯，對與錯全憑自己個人心中的選擇，這份批判性的思維、這種思考模式才是成功的關鍵，而不是麻木遵從的填鴨式教育。

小孩欺善怕惡，喜歡挑戰老師底線

　　小孩往往就是欺善怕惡，如果遇着一名老師反應比較慢，經常說不過小孩的，小孩子就會從心中感覺到勝利的快感，繼而不斷挑戰老師，不斷測試老師的底線，這個時候課堂秩序就大亂了。擒賊先擒王，人都是群體動物，在補習的過程中，首先要把帶頭破壞秩序的學生予以沉重的打擊，這樣便可把其他學生震懾了。

　　如果你發現補習社內某一位老師完全震懾不住某位學生，又或是那位老師的口才根本比不上那名不斷挑戰老師的學生，請不要猶豫，馬上把這名學生調離這名老師任教的課室，如繼續由得這名學生留在這個課室內，會嚴重影響課室的秩序，所以你作為補習社經營者，親身下場教授固然好，亦都必須口才了得，對於常見學生挑戰老師的問題已經有一些既定的答案，不可以讓學生得到成功挑戰的機會。

中庸之道

　　我對於自己犯的錯誤，都會承認。例如，是我的疏忽而令到核對功課時錯誤，又或者學校的數學題算錯了，我會向學生承認自己的錯誤。這樣子，會令學生心理比較平衡，而不是回到家裏向家長大肆宣揚，覺得補習社核對功課錯誤，補習老師還不肯承認錯誤等等。

　　過於嚴厲或過於寬鬆，都不好，想成功維持補習課室內的秩序，應取中庸之道，什麼時候嚴厲或寬鬆？根據時機，例如在考試前，便到應該嚴厲及認真的時候，令學生深深明白，認真的時候真的來了。而當考完試較為輕鬆的時候，可以容許課堂內出現一點歡笑聲，

說一些書本知識以外的題外話，引發學生討論，刺激他們的思維，鼓勵大家多點交流。

了解學生內心想法

我會找機會了解學生的心態和背景。了解學生的心態十分重要，有時候學生們不願意認真、不開心，背後總有原因的。他們可能沒有傾訴的對象，你就要作為一名老師及旁聽者，開解及協助他們走出難關。有時學生願意分享身邊的趣事給補習老師，這時候如非太繁忙，我會很喜歡分享彼此的見聞。補習並不是讓學生一進來就不斷地補習，然後補完習學生就離去，補習社是一個讓學生與學生之間交流的地方，有空間讓學生溫習及向老師發問。這裏除了是一個學習的地方，亦是一個小型的社區，盡可能讓補習社涵蓋由初小至高中各項課程，打造成一個陪伴各學生成長的補習社。

學生談戀愛

對於求學時期應否談戀愛這個問題，我的回覆是正面的，求學時期談戀愛完全沒有問題。一般家長反對的理由就是：「談戀愛會影響學業。」難道夫妻生活就不影響工作嗎？影不影響視乎於個人，當個人及早經歷了戀愛之後，他就會慢慢懂得分配時間。就如學會掌管金錢一樣，是一個學習及成長過程，而且還是成為一個完整人生所必須的。部分家長往往只見其害，而不見其利，況且人生在世是為了什麼，其中一樣就是尋找自己喜歡的另一半，如果當心儀對象出現的時候，為什麼不能勇敢地向對方展開追求呢？若果此生不能找到心儀的另一半，再高的職位，再多的金錢，內心少不了仍是

孤單的，又有什麼用？此生只行一次，就應該隨性而為，走自己想走的路，跟自己的感覺行事，無需畏首畏尾。

我曾多次向學生提及，曹操十四歲結婚，十五歲長子曹昂就出生了，是不是早戀是受當代文化及隨時代變遷的價值觀所影響，當自己擁有一套完整的價值觀，不隨波逐流，對這個世界有一套自己獨特的看法，自我信念就會慢慢增強，然後凡事思考，就會知道身邊的意見哪個該聽，哪個不該聽，只要處事圓滑，儘量融入這個社會，就會建立成功的基礎。能找到機會學習的地方，可能是你的朋友或敵人，看敵人要在內心分析對方的強項，能迫使你不斷進步的，一定是你生命中的敵人或競爭對手，而阻礙你前進的往往就是身邊親密的人。如何保持自己的理想及信念（而不是被身邊的人消磨掉），就是能否成功的關鍵。

曹操十四歲結婚就犯了法麼？在現代，確是犯了法，香港最早結婚的年齡是十六歲。因連法律都會隨着時代而改變，對與錯也會如此，自己內心的價值觀才是值得自己守護及追求的。在古時候，有些人會倒轉過來，先成家，後求學，跟現在從小學習的模式大不相同，所以我對於求學時期是否談戀愛是持開放態度的，更加覺得性不是邪惡的，應該以一種開懷的胸襟去從小接納各式各樣的知識，包括性知識。

玩樂

回想自己中學時，很容易開心，亦很容易傷心，但那種開心是純粹的開心，是天然的，不是成人世界裏變成的種種客套及禮儀。所以讓學生好好享受年青的歲月吧！

此外，由於每名學生來自於不同的家庭背景，我會以尊重他們家庭背景為原則，如果沒有明顯與學生意願衝突的話，我會以遵從家長的決定為先，但如果我發現學生的想法與父母產生衝突，我會作為一個調解的角色。

世界上沒有絕對的對與錯，我也佩服某一些家長，他們見識卓越，豁達大度，能把子女放在寬鬆自由的環境下又能培養出大才。教育方法沒有絕對的、唯一的成功之路，總是因人而異，因時制宜，所以我在這裏和大家分享對各事物看法的時候，我亦正經歷着每一天的學習，人切忌變成固執，固執即是代表難以再接受新事物，只要時時有着開懷的胸襟，才能夠在不斷改變的世界中迎難而上。

沈校長

我尊敬的沈校長（他是我小學時的老師，後來成為我兒子及女兒的小學校長，他在我女兒小學畢業那年退休，在結業禮上，沈校長高歌數曲，令我十份難忘），在一次我子女小學時的家長座談會中，沈校長指出玩樂是孩子生活中不可或缺的一部分，除了玩樂外，還包括發呆，無所事事。沈校長對我的啟發很大，當時我的子女還在小學的階段，我已開展了補習社的業務，對教育兒童方面令我留下非常深刻的印象。這一個想法令我想起魯迅其中一篇散文，〈風箏〉。〈風箏〉講述魯迅人到中年的時候，看了一本外國講述兒童心理的書，才知道遊戲是兒童最正當的行為。於是魯迅激起自己還是青少年時候的回憶，他當年看見自己的弟弟玩風箏，覺得玩風箏這個行為荒廢學業，就把弟弟的風箏折斷，掉在地上。後來魯迅人到中年的時候才想起這個不當的行為對弟弟心理產生很大的負面影響，深感愧疚，可是一轉眼間，他和弟弟已經過了半生了。

兒子踢球的經歷

　　我是一個從小喜歡踢足球的人，還在我小學的時候，就很喜歡踢足球。後來在我兒子還小時，我每個星期天都會送他到車路士足球學校去踢球。有一次，我如常坐在家長席上觀看兒子上足球課，有時候我會玩手機，有時候我會看書，又有一些時候我會回到車上小睡片刻。其中一次坐在家長席上令我印象深刻，當小孩子每完成一節訓練的時候，都會到場邊喝水及休息片刻，那次我見到其中一名父親每一次待他兒子回來喝水或休息的時候，總會滔滔不絕地教訓他一頓，教訓他不認真，教訓他做得未夠好，教訓他為何球傳得不好，教訓他為何不集中等等。我當時並沒有出聲勸喻這位家長，卻令我內心印象深刻，做他的兒子實在太辛苦了，這個父親看似嚴屬的性格，看似認真的樣子，實質對事情一點幫助也沒有，卻破壞了小孩美好踢球時光。我從小開始踢足球，當然只是作為玩樂，並沒有作為一種職業的打算，但我基本上仍然保持每星期都會去踢球的習慣，一直到現在中年，仍偶爾會做一些花式盤球動作，在玩弄皮球時，偶然失敗，自己亦一笑置之，踢足球享受過程才是最重要，如果要扼殺我這些小花巧技術，足球的樂趣就消失了，在那位父親眼中，我就是那個未夠認真的人，但又如何，人生只走一次，自己開心就好。

討厭原地踏步的人生，多讀好書、多學習

　　每當我覺得自己的人生在原地踏步，我便充滿改變的意欲。我從來不是一名安分守紀的人，無論財富上、知識上、公司業務上，都希望不斷尋求上升空間。所以在畢業後二十多年間，學習了周易，懂得用金錢卦算卦；喜愛宇宙學，拜讀過多本著名理論物理學家加

來道雄的著作，包括《平行宇宙》等。亦甚為欣賞伊隆・馬斯克的火星殖民計劃，我每年的生日願望，其中一個便是希望有生之年見證到人類殖民火星。我雖沒有任何宗教信仰，卻信奉 New Age（新時代），追求身心靈的靈性發展，所以學習催眠，也偶然會替不同的朋友進行前世回溯，深討生生世世間的人生課題。在學習催眠之前，我又喜愛拜讀弗洛伊德有關精神分析的著作，後來在心理學上改為催眠的靈性之路，甚愛朵洛莉絲・侃南的著作，《生死之間》、《迴旋宇宙》系列等，以及麥可・紐頓的《靈魂的旅程》。

同時間我是一名歷史愛好者，由夏商周至近代史，尤其喜愛研究經典戰役及兵法（《六韜》、《便宜十六策》、《孫子兵法》等），例如孫臏及龐涓的桂陵之戰及馬陵之戰，孫臏如何運用圍魏救趙、增兵減灶等計謀將龐涓打敗。諸葛亮及姜維北伐，與及兵仙韓信等各種戰役，令我深深着迷，亦成為我在補習社多次和學生們說到的經典故事。

除了知識上、公司業務上，我亦喜愛研究不同上市公司，發掘具潛力及投資價值的公司。投資首重現金流，能為投資者長期帶來穩定及豐厚股息回報的公司，才能在不同市況及經濟環境中屹立不倒。我力求在財富上不斷增值，以便將來辦事可更得心應手。投資學當然不能不讀《富爸爸・窮爸爸》，但我不能同意書中所有觀點，閱讀確實仍要保持批判性思考。

此外，我也是一名神秘學愛好者，令我相當深刻的《外星人訪談》、《未來編年史》及《海奧華預言》等亦使我一再回味。我希望尋求一切的真相，未知的領域令我相當好奇，我認為人生不只是賺取金錢，亦應享受和所愛的人的相處時光。

至於成功學書籍，一般來說都是非常沉悶，往往被書名吸引，卻又沒有興趣讀完。唯獨一本，拿破崙・希爾的《思考致富》，此

書雖然是八十多年前的著作，但我對書中觀點深表認同，還有一些我之前意想不到的觀點。

如此種種，我的學習與研究不只是為了金錢，更多是為了興趣。如果不享受學習的過程，只會覺得過程十分痛苦。亦只有能把興趣和目標相結合，並培養成習慣，才可以令人生不再原來踏步，而是一直前進。

真心喜愛挑戰

每每遇到能力出眾的人，我內心便感到十分興奮，渴望與他交談，以吸收別人的智慧。你會知道某些人內心經常存在妒忌，我可能小時候也會這樣。但當人長大了，明白到自己的進步空度就得來自於在更出色的人身上學習時，妒忌心會煙消雲散，轉化成欣賞之情。當出類拔萃的人才道出某些獨到觀點時，往往令我洗耳恭聽，我還會把別人的智慧記下來，並嘗試轉化為自己能力的一部分。

11 條常見問題及其解決辦法

問題一：遇上有讀寫障礙的學生

解：通常有讀寫障礙的學生在年齡小的時候較能專注。面對這些學生，要以重複訓練為主，例如，第一天要學十個詞語（無論中文、英文），第二天就在昨天十個詞語的基礎上，再加五個新的詞語，連着昨天的十個，總共十五個詞語一起溫習，如是者每天加數個新的詞語（實際情況因人而異，但大概方法類近），每天在新加詞語的同時，必須重溫之前學的已有知識，日積月累下就會見到學生慢慢改善，無論讀寫障礙還是其他學生，都能透過每日的訓練加強腦部連結並提升思考及答題速度。讀寫障礙的學生不可中斷學習太久，如家長因為暑假的原因而停止一至兩個月補習，真的要告訴家長，停止補習期間儘量要保持學生某程度地繼續溫習，否則會前功盡廢。如他們把學業完全掉下一至兩個月後，就有可能把一大部分的已習得知識都忘記了，所以持之以恆的重複學習是對於讀寫障礙的學生的最大解決方法。

問題二：功課班學生的家長投訴功課錯太多

解：首先要了解錯的種類，低年級通常由於字體不端正為主，這個錯誤可以跟家長溝通協調並取得平衡。另一種是真的核對功課產生大量錯誤，這時候作為補習社方就要找出原因，到底補習社內

有沒有相關功課的答案可供補習老師去核對？是否太繁忙導致該等錯誤？是否補習老師或兼職助教資質問題？學生把功課藏起來？等不同原因。先找出原因，然後用以下方法處理。

如果條件容許，可以向家長提出轉換補習老師的建議，看看會否有更好的效果。只要當一個人對另一個人（即補習老師）產生了負面印象，就很難在短時間內直接改變看法，如果你經營的教育中心有一定規模，轉換老師是最好的選擇。長遠解決就要找出這個投訴對於個別老師來說，會否不斷出現，以後在安排新學生時要了解個別學生及老師特點，例如別把精於數學的學生安排給數學較弱的老師，這樣學生心裏不會「服」這個老師的，只要學生內心不服，就會產生很多問題。

常見解決辦法包括：

1 增加兼職員工去協助

2 撤換有問題的兼職員工

3 及後一段時間吩咐相關老師加倍注意投訴的學生

4 轉換為自己親自任教

5 設立投訴處理程序

例如：第一步，三天後主動致電詢問情況有否改善；第二步，下星期再跟進有沒有其他補習意見；第三步，月底再確認相關問題已解決。

問題三：家長投訴子女在補習社的進度不佳

解：雖然可以用轉換老師的方法去解決，但如果自己經營的補習社規模暫時有限，不能每次以換老師去解決，這時候可在之後每次的補習課中，安排學生調換位置，坐在你觸手可及的位置上，由老師親自加強去推動學生的進度，然後在一段時間內，定期聯絡家長，交代最新情況及了解家長有沒有其他意見。

問題四：個別老師所任教的學生流失率持續上升

解：作為老闆應該馬上和員工溝通流失率持續上升的原因。如前所述，數字是不會騙人的，數字會反映真實的情況，以理性角度取代個人主觀看法。個別老師的學生流失率持續上升代表該名老師工作出現了本質上的問題，例如忽視學生、管理力弱、知識水平低等問題。個人能力是最難在短時間內提升的，所以要留意員工心態，如該名員工有誠意在此長做，你作為補習社經營者，應該給予不斷的支援，並定期個別會面去檢討等不同方法提升員工的表現。如發現該員工嘴裏說想長做，但行為卻相反，即可考慮啟動招聘程序，成功招聘後辭退這名員工或可能這名員工已自動辭職。以免有更差的負面影響，長痛不如短痛。

問題五：遇上非常好動及調皮的學生

解：我一直相信作為教育工作者，應該盡最大努力去教每一位學生，人本性純真善良，只不過近朱者赤，近墨者黑而已。特別在學生還小的時候，及時灌輸正確的觀念，可以矯正他們不成熟及錯

誤的想法，這樣亦是作為教育工作者的一個莫大的成功感。所以我認為，只要該名調皮的學生未出現傷人及其他攻擊等過分行為，我們應該給予足夠的輔導機會，切勿以此作為藉口，將學生拒之門外。解決方法包括換老師，這個世界就是「人夾人」，學生總會遇到自己心中佩服的老師。我經營的補習社就曾經有一名調皮的學生，各個老師都感到十分頭痛，已經轉換了兩至三位老師亦未見情況改善，及後，調至一位很溫柔的女老師，由於這名溫柔的女老師工作態度認真，不苟言笑及充滿耐性，反而令這名調皮的學生認真及寧靜起來。

另一個着手點，就是安排一位令人信服的老師，他有輕鬆一面，亦有嚴厲的一面，軟硬兼施雙管齊下，令到這名調皮的學生對該名老師心悅誠服。如以上兩方法皆未能成功，可安排第三個方法，就是區域上隔離這名學生在補習社角落處，或在獨立且偏離其他學生的座位也可，隔絕他與其他學生接觸的途徑，令他不能影響到其他學生，亦希望他在較為隔離的情況下，能認真地去完成自己每天必須完成的學業。

問題六：遇上難以溝通的家長

解：絕大部分的家長都是有禮及明白事理的，你能與越廣闊範圍的不同人溝通，客源就越廣泛、根基就越牢固，這個能力亦是其中至關重要的一點，可惜卻又因人而異。總有些人（老闆、老師或主管）說這人難以溝通，那人要求特別多等等。唯一方法是切勿讓內心情緒影響自己，並且以泰然的心態處之，如未能做到這點，根本不能勝任接待（Admin）工作。我敢說，絕大部分家長只是提出他們合理的要求，並無不妥，如果業務擁有者在營運補習社的過程中，

不斷認為客人（即家長）有問題的話，代表有問題的就是自己，這時候務必反省自己，調節心態，永遠以家長的角度出發，就會明白他們提出這個要求背後的動機是什麼，然後以平穩待客水平（勿心情好時喜形於色，心情差時愁眉苦臉）有禮及有效率地去為家長解決問題，而不是與家長對着幹。

長期與家長對抗的人，根本不適合經營補習社，更加不適合做生意。最後，真的遇上百中無一，特別難纏的客人，在他與你查詢交談的過程中，很容易就會發覺到根本難以滿足他的諸多特別訴求，這個時候千萬別貪一時之快而去馬上接收他，應該找個藉口婉拒他的報名請求，有禮地把他拒之門外就可以了。因為處理不好這名特別的客人，往往會帶來無辜及不必要的負面口碑。

問題七：每到長假期，很多補習學生暫停補習

解：如每到長假期，很多補習學生都會暫停補習，這反映了由於補習社只提供了功課輔導這個服務，當沒有功課的時候，學生及家長就不想來了。亦代表此時經營中，補習社除了功課輔導的角色外，沒有在學生知識及補習中，對學生作出重大及有用的幫助。解決這個問題不是一時三刻能做到的，必須在日常補習中，除了教會學生們做功課，還要針對他們的弱項，作出針對性的教導，例如學生數學非常弱，除了協助他完成數學功課外，還要每天抽時間與他練習數學題，久而久之，數學成績就會取得進步，學生及家長會感受到的。這樣在沒有功課的長假期時，家長亦會願意讓子女繼續來補習，最起碼繼續補習的比例會提升，因為此時帶給家長及學生的益處不只解決功課的問題，更在學生的教育道路上幫助了他，顯示出補習社的價值。

問題八：整間補習社的流失率持續上升

首先，何謂高流失率？何謂低流失率？一間補習社每月的流失率總體來說，如果能保持於每月 1% 至 2%（即 100 名學生每月流失 1 至 2 名），是一個非常理想的數字，謂之低流失率。

如果一間補習社，每月整體的流失率佔全部學生的 4% 至 5%，為正常水平。如果高於 5%，就是流失率偏高了，5% 代表每個月在 100 名學生中，就會消失 5 名，如果流失率接近 10%，就是非常嚴重了。但不同類別的補習社不同，一般純專科的補習社（毛利亦較高）整體流失率會較功課輔導 + 專科的為高，因功課輔導 + 專科的補習社能提供整體補習方案，有機會全面解決家長及學生的困難。高流失率代表補習社已經發生根本性問題，如不針對問題的根源作出重大的改革，補習社已經步向倒閉進程之中。

太嚴厲？太寬鬆？對學生不聞不問？如果你知道問題所在還好，如果面對如此嚴重的流失率還不知道問題所在，唯一的解決辦法，就是邀請家長去告訴你，把握每一個與家長溝通的機會，詢問子女在補習社中有沒有遇到什麼問題，有沒有什麼需要補習社跟進的地方，去邀請家長說出他們心中的想法，才是解決補習社問題唯一的可行方法。

如流失率如此之高，代表與家長溝通之間已出現了嚴重問題。如果補習學生總數目在數十名之內，補習社經營者（即老闆本人）完全有能力去處理全部家長的要求，包括向全部家長每週交代學生的學習進度，有禮地詢問家長們補習社有沒有可以協助及配合的地方。如果補習社整體學生規模已達到高雙位數，甚至超過一百名以上學生，作為經營者本身已沒有足夠的時間去處理全部學生的訴求，

這時候必須要將權力下放到負責學生所任教的老師手中，要求老師長期直接與家長聯絡，要求老師與家長取得互相信賴，補習社不只是作為任務兔子（Task Rabbit），更要做到一名教學顧問，理性地給予不同的教學建議讓家長選擇及配合，而不是盲目地聽從家長的要求。如有足夠的溝通，家長最終是會明白及理解補習社方的，經過一段時間後，效果亦會逐漸顯現出來。

問題九：如何才能更有效地令學生及家長對補習社產生歸屬感

解：如前所述，可在每一間補習社內劃定一個區域作學生休閒、休息、吃小食及看圖書的地方。此外，還可以定期舉辦聯歡會，如聖誕聯歡會、暑期聯歡會等等。更甚者，可以在暑期班裏加添一些外出參觀的元素，令學生有機會在補習社的學習生涯中，走出課堂，從活動中吸取更多的知識，體驗不同的新事物，建立友誼及相互關係。

問題十：很難找到合適及良好的員工

解：對，這就是典型補習社其中一個困難的地方，如規模不夠大，就更難找到人才，反之連鎖補習社可以較易找到較為理想的員工。要學會從不同人中欣賞其可取之處，儘量加以利用，例如我有一名老師很受學生及家長愛戴（流失率低），但她確實比較懶，每月總會請那麼幾天的額外假期，我初時都有點生氣，但後來從另一個角度觀看，預先安排好備用兼職員工去隨時頂替她的職務亦可。她的流失率確實遠低於其他老師。

此外，當遇上了一名好員工，務必推行佣金制給他，沒有能力的人不喜佣金制，有能力的人歡迎佣金制（既然能力比別人優秀，就值得以更高收入反映），我補習社之中，老師收入高低相差不止一倍以上，大家都差不多工時，但能力差異十分大，佣金制會較公平，讓有能力的員工可以憑他們的努力取得他們應得的回報。固定薪金反而會消磨人的意志，所以我在不缺人手的情況下，長期都會保持招聘廣告，當有人求職時，我會繼續接受應徵者的面試，只要公司規模已經夠大，隨時增加一名全職員工根本不是什麼問題，就算暫時多加了的全職員工，可以為將來的流失作出準備，這也是 Plan B 的一種。

問題十一：沒有什麼家長查詢補習，很難收到新學生

解：如果在剛開業的時候，建議使用學費半價等等折扣優惠去吸引新生。如果補習社業務已達到一定規模，例如在數十名學生之間，但往往沒有什麼新生查詢及加入，這表示了在現有的學生中，並沒有形成良好的口碑，家長們並沒有介紹身邊的人前來補習，所以要加強與學生及家長的溝通，提升補習質素，把握每一次學生繳交學費的機會，對他們心中的疑問作出詳盡的解答，並邀請他們指出補習社的不足之處等等，當與家長的信任建立了，自然會有新生介紹進來。

這個問題亦是我在這本書開首的時候提出過，儘量不要找樓上舖（要走樓梯或乘搭升降機才能到達）。即使在商場內，補習社位於人流不是很多的位置，只要還有少量人流，就會有新生查詢。如果是樓上舖補習社，你就必須全靠家長介紹，或上網宣傳，學生來源會更加狹窄及不穩定，對經營者產生重大壓力。如果面對收生不

足，常見的手法包括推薦人優惠，千萬別推出免費試堂，因為免費試堂往往會造成學生試堂完之後就消失的局面，對現有學生的感覺不良好，免費試堂亦會令現有家長及其他家長覺得這一間補習社收生面臨很大的問題，第一觀感已經不良，這是殺雞取卵的行為，千萬不要做。

打破慣性思維

　　我們正處於學歷量化寬鬆的年代，大專及大學畢業的學生比比皆是，甚至乎碩士學位畢業的求職者也大有人在。經過累積多年招聘員工的經驗後發現，學歷證明只能作為其中一小項的參考資料，求職者面試時的思維、反應、抱負，甚至乎補習社的入職筆試更為重要。

學歷不是最重要

　　首先，我對於求職者面試之前，我會給予他們簡單筆試，筆試程度大約是小六至中一左右，部分現在的大學畢業生，甚至乎是碩士畢業的求職者，可能已將小學的知識忘記了，簡單小六的英文閱讀理解成績也可能做得不是太理想。所以學歷不是最重要，知識及智慧才更為重要。

　　在香港，我最為看重的不是大學畢業證書，在眾多學歷證明中，最重要的一張莫過於香港中學文憑試（HKDSE）或以前的會考及高考，這個考試的成績是要憑真材實料才能考獲，及後的學歷參考性不如 HKDSE。

　　當然不能「一竹篙打沉一船人」，在芸芸大學生當中，某些還是具有相當高的水平。我的某一些舊同學也有從事大型企業的人力資源相關部門，在我們聚會交談中，我也會好奇，面對着如今學歷量化寬鬆的世界環境下，他們在選拔人才時，會怎樣處理。

如何選拔人才

大家得出的答案也是相類近，最主要看面試時的表現，面試過程中，很容易就看出求職者的思維、口才，做事有沒有計劃等性格特徵，一個出色的人才，他們會有完整的短期、中期或長期計劃。其次，我會以不同的情境來測試求職者，一名人才對於不同的問題或困難，會表現出強勁的洞察力及獨到的看法，洞若觀火，而且在腦海中很快就已經組織及形成一個解答出來。

企業在選拔人才的時候，往往着重於求職者面試的表現，比他們背後的學歷證明更為重要，往後的升遷與學歷的相關度更低，只要員工的工作表現足夠出色，在日常工作中能不斷散發出來，表現遠優於其他同事的話，當有更高級別的職位空缺的時候，捨你其誰？作為一個實事求是的管理層或老闆，他們看重的並不只是學歷，而是員工的實質工作表現，能否為公司貢獻才是最重要的。

爭取及早晉升為管理層

這一篇章，最主要想說的是打破慣性思維。慣性思維是指人習慣性地因循以前的思路思考問題，仿佛如物體運動的慣性。慣性思維常會造成思考事情時產生盲點，缺少創新或改變的可能性。

慣性思維往往隨着年齡的增長，越來越頑固，及更難以改變。人在年青的時候反而容易接受新事物，可以打破慣性思維的束縛，誰不見青春期的少年，經常那麼多鬼主意及叛逆？青少年根本就把傳統放在一邊，滿腦子都是自己的新思維、新想法。人到了二十多歲，剛剛踏入社會的時候，打破慣性思維的動力仍在，他們剛踏足社會，不斷有很多以前在學校裏學不到的知識湧現在他們的新生活

中，他們會憑着自身經歷，慢慢改變自己，思維也隨之改變，所以我經常對我的同事說，如果機會來到的話，最好在三十歲之前（最遲四十歲）要嘗試晉升為一名管理層，如果在年紀漸大的時候才晉升為管理層，學習新事物的能力便會下降，慣性思維的束縛會更加強，會影響將來的晉升之路。

回到之前所說的，如果讀太多年書，去到三十歲左右才踏足社會，他們的職場生涯都受到一定程度影響。剛進入職場，根本不可能立即晉升為管理層，而他們的思維與行為模式已漸漸地固定，難以打破現有的行為模式，表示他們難以接受成為管理層的挑戰，這樣反而會成為他們職場上的負累。

在職場上如何獲得升遷？

本書雖然是講述經營補習社的思維，但我作為補習社經營者，又在職場工作超過十年以上，亦不知道還有沒有下一本書的情況下，想和大家分享當中奧妙。

如果在中型至大型的企業工作，身邊 80% 至 90% 甚至更高比例的同事，每天都是營營役役地工作，聽從上司或老闆的指令，但如做到以下幾點，升遷並不難。

1 提供解決方案，不要只做問題回報者。回報問題和困難給上司或老闆，每個下屬也會，但上級想聽到的是「問題＋解決方案」，上級當然知道有難度才安排你去做，轉頭你又回報給上級表達事情很困難，上級不討厭才怪。如想更進一步，應做到「問題＋解決方案」2.0，即有多個解決方案呈給上級，各指出利弊，交由上級決定。

② 能說會道，不要怕在公開場合發言。公司領導層希望見到的是信心滿滿，準備充足的人，能為公司帶來生機。

③ 提升執行力，我在職場多年及在自己的補習社，最困擾就是見到執行力低下的人，要麼過了限期還未完成，好一點就是限期前才趕工。如果能表現出強勁執行力，說到做到，還做得好，升遷捨你其誰。

④ 心中推演公司的決策方向、潛在問題，才可洞悉先機。這一點最花時間，但亦只要花點時間，就可以做得到。當管理層未開口時，你已完成；當管理層未察覺到問題時，你已回報及提供解決方案；當管理層即將公佈新方向時，你已正在做。

⑤ 如果做到以上四點，這一點就十分重要，就是改善與同事的關係。能做到以上四點，其他平庸的同事就會開始討厭你，因為你遠比他們優秀，你的存在令他們感到壓力。此時要做的，就是門面工夫，討好他們，分享你的「秘訣」。在此可放心，可盡情分享，因為你的同事即使聽完你完整的分享，亦不會去做，即使去做，亦會和你相差甚遠。這一點亦是我當年處理不好的地方，所以有更深的體會，但後來經過歲月的沉殿，能在此總結給大家。

以上五點我並沒有包括學歷在內，只要你符合基本學歷要求，知識在你腦中，不在學歷證明上。那五點皆有程度之別，即使做到以上五點，天外有天，人上有人，極可能仍有人比你更優秀，盡力即可。上天是公平的，無論你事業多麼有成就，無論你多麼家財萬貫，當你離開這個世界時，一元也帶不走。每人都可以選擇自己喜歡的生活方式及追求心目中想要的東西。

別抱怨不能升遷，別抱怨時不與我，萬事萬物別後總有原因的。以上的分享只適合中至大型企業，小型企業非常「人治」，很多事情全憑掌舵人喜惡，更為難以預測。

走出自己的步伐，「無為而無不為」

「無為而無不為」，我的解讀是對於萬事萬物，應順應自然，不作太多干預，但必須要做時，卻又是沒有什麼不可以做的。對於自己，我時時刻刻提醒自己要以一個新角度去思考每一件事，即使是經常重複發生的事都要時不時以新的角度去觀察及思考。小至醫生的建議，中至家庭的教育，大至平時的行為模式，我都會以我的定義去重新理解。

舉一個受傷例子：

我大約在十年前因踢球導致手臂骨折，當完成手術，住院七天後出院時，醫生叮囑我一個月後要回來醫院拆除醫療包紮。其後我從各種資料蒐集所得知，如果一隻手經歷太久才去嘗試重新活動，可導致更長的康復期，甚至不能再如從前般靈活自如。後來，憑我觀察所得，時機已到，我就約於出院一個星期後自行拆除包裹手臂的包紮。我已事先蒐集資料得知，剛拆除的時候，手臂由於不適應馬上去支撐身體的重量，關節會腫起來，事實果真如是，在我拆除了手臂及手腕的包紮後，我的手指並不能如常活動，我便以打機去訓練自己的手指，一直康復迅速。當到了一個月後覆診的時候，醫生大為驚訝，我的手臂及手指已基本活動自如了，就連物理治療也免除了。

家庭教育，無為而治

　　至於在家庭教育方面，我對小孩從小就奉行自由主義，對子女的限制甚少。還記得在我兒子兩歲的時候，有一晚由於我很疲倦，所以就沒有理會兒子先去睡了。第二天早上我見到電燈開關下有一張凳子，我問我兒子為何會這樣，他說他昨天晚上看電視看睏了，準備睡覺，又不夠高關燈，只好拿凳子來踏上去關燈，然後自行去睡覺。當時我會心微笑。當年才剛畢業兩三年，二十多歲出頭，不拘小節，亦沒有特別為兒女的作息時間設下什麼限制。及後我女兒亦出生，當他們漸漸長大，我對於他們的作息時間基本上亦不加限制。

　　我從小就對兩本古籍甚為喜愛，一本是《孫子兵法》，另一本就是《老子》，我甚為崇尚老子思想中的「無為」，照我自己的解讀，我希望人生能做到隨心。跟從自己內心最真切的想法去做，不為別人的讚譽去做別人口中所為的「好事」，我亦不理會別人的目光及看法，會做一些別人認為「小氣」，毫無風度的事。熟知我的都會了解，我去哪裏也喜歡開車，但和親朋戚友一起吃完飯後，我從不主動去載別人回家，我覺得開車是為了方便自己，不是為了麻煩自己。有一些熟知我的朋友亦不跟我客氣，明知我不喜歡載人亦主動開口要求，我倒也沒所謂。

　　對於身邊的人，我絕對不會覺得不好意思，我經常拒絕別人對我無理的請求，例如借錢及聘請某個親朋戚友等。我深知要維持公司的競爭力，絕不可用人唯親。我覺得「孝慈」、「仁義」，準則應在自己心中，不需為別人讚譽而為之，亦不需怕惡名而不為。「是以聖人抱一以為天下式」，這裏的「一」就是「道」。老子的「道」大約就是遵循自然，順從萬物本性，更要順從自己內心，不造作。老子另一核心思想，真正德行「上德」是發自內心，故意表現出來的只是「下德」，禮儀、仁義、孝順等亦如是。

不言之教，無為之益

人生活在社會上，少不免面對別人的奸險及算計。故在子女成長的道路上，我一直不會站在「道德高地」教育小孩，儘量做到「貼地」。

1. 我從不教導要「大讓細」，自己喜歡就給予別人，不喜歡就別給，不需要強迫自己。

2. 說謊要說真一點，不懂說謊就看不穿別人說謊騙你，但盡可能不要說非必要的謊，害人之心不可用，防人之心不可無。

3. 長輩說的、老師說的，不一定就是正確，不一定得聽從，道在心中，做自己認為正確的事。

4. 對於欺負自己的人，包括長輩，一律需擺出強硬態度，世界就是這樣，你退一步，別人就進一步，不想自己不斷讓步，有時候第一步就要「企硬」，要堅持。

5. 抱着思考及分析心態看待事物，別人這樣做，背後動機是什麼？他說的話是真的嗎？對於不合理的事情，抱懷疑態度。

太陽底下無新事，希望久而久之，可以更了解人性。此外，我甚至乎對於子女晚上回不回來睡覺也非常隨意。我跟他們說，人就是街上最危險的東西，白天人那麼多，為何就覺得安全？現在到處都是監控攝錄器，日與夜分別根本不大，反正犯罪行為無所循形。為什麼對於一般家長觀念來說，夜晚出街就不好，白天出街就是較好？全因既有觀念所影響，人們就應該打破這種慣性的思維，白天還是夜晚出街只是例子，最重要是思維模式上的打破。

手機成癮問題

我在乘搭飛機途中或在機場等候時留意到一個有趣現象，西方人較為不沉迷手機，他們有的靜靜地看書，有人寧願發呆（或思考），如有三五知己，我見過直接在機場玩卡牌遊戲。反而華人沉迷手機的現象相當嚴重。我回想起眾人還未沉迷手機的那個年代，確是另有一番美好呢！

對於小孩玩手機也如是，越限制他們去玩手機，當小孩們可以去玩手機的時候，更加機不離手，如果小孩們覺得玩手機是一樣唾手可得的事，雖然他們大機率會花很多時間在玩手機，但起碼不會對手機產生一種強烈及不可控制的渴望，久而久之，他們就可以尚算正常地分配時間了。

這個問題結合了我多年的觀察，只想和大家分享一點我自己的看法。有少部分家長（其實大部分都不會）對於玩手機施以嚴格的控制，無擬是家長親手把這種對物品的稀缺性施加在子女身上，令子女們在不玩手機的時候，腦海中仍然對手機產生強烈的渴望，久而久之，有少部分孩子會把對手機的強烈渴望轉變成對家長的怨念，當小孩們到了可以反抗的年紀，他們反抗的機會就會增大，這導致家庭不和諧，因為小孩的內心就是需要一種人有我有的感覺，如果發生人有我沒有，就會對其內心產生不平衡。

在這裏我不得不再次提及我子女小學的沈校長，沈校長同時也是我讀小學時候的老師。他在一次家長聚會中提出一個我深表認同的觀點。沈校長在我參加子女小學的家長會時，經常給予我一些深刻及獨到的見解。對於學生沉迷手機，他曾經說過，可試着反轉，把獎勵變成懲罰。如果孩子們行為不檢點或不理想時，可罰他們玩手機（當然不是孩子們最喜歡的遊戲，而是特定學習軟件之類），

當改為以玩手機作為懲罰後，他們及後有空閒時間就會增加其他活動（如球類活動）的可能性，如果分寸拿捏得夠好，就有機會戒除手機成癮了。當然，這種方法未必一定十分成功，但亦不無道理。沈校長對學生及人性有很深的了解，他還有一個說法深深印在我腦海中，他曾說成為一個知識豐富的人並不是最重要，最重要是心地善良及品格良好，如果一個品格不佳的人擁有豐富的知識及卓越的才能，反而會對社會造成很大的禍害。

勝人者有力，自勝者強

至於營運補習社上也是如此，在不斷觀察同業競爭的同時，亦加以思考自身有沒有突破的方法，將自身的產品（即課程）在市場上形成差異性（Product Differentiation）。在市場上，產品差異性永遠存在，經典例子是可口可樂及百事可樂，以及可樂與其他飲品的競爭關係。

第一步，可樂與其他飲品間競爭（即自身補習課程與其他補習社課程）。我不知道有沒有其他補習社比我更早引入一對二私補模式（一名老師對兩名學生），但我當年確實是根據自身經驗及觀察學生們的需要，針對學生們而首創的一種補習模式。我當年在想，學生們在上專科班的時候，一名老師對五至十名學生，那跟他們在學校上課有什麼分別？不敢發問照樣不敢發問，跟不上進度繼續跟不上進度，最後不懂的知識大機率只懂多了一點點，懂的也一早在學校課堂上已經懂了，而且學得快的學生還要等待那些學得慢的學生，嚴重影響進度，學得慢的學生也可能仍然跟不上進度，未能理解老師在說什麼。

另一方面，一對一私補市場上實在太多了，大學生上門補習等等。所以一對二私補，是最符合學生需要及補習社效益的方法，學生可以得到等同私補的教學，比起上門私補，補習社可提供源源不絕的教學資源，而且在家長心目中，補習社比質素參差不齊的上門補習更有信心保證，最終老師亦可以用有限的時間以私補的模式教導兩名學生。

課程推出後，立即與鄰近的補習社形成強大的差異性，導致初時課程短時間內滿額，還產生大量家長留名等候學位的情況。

第二步，可樂們之間的競爭（即其他補習社也引入一對二私補後），由於課程相當吸引，確實在很多時候能改善學生的學業成績。其他補習社（特別是附近的）也陸續推出一對二私補，而且價錢比我的補習社更加便宜，還推出不同的優惠。此時就要維持差異性，經我考慮及分析後，作為區域龍頭，價格戰反而是不利於己的，因為己方現有客戶（Customer Base）最多，引入價格對自己傷害最大。反而要從別家補習社難以模仿的經營模式上入手。

接着，我首先提倡補習課程彈性化，成為任務兔子。把一對二私補課程不只限於同一科目，而是可以於同一時段內補習不同的科目，全由負責老師與家長溝通。把家長的要求壓力直接轉嫁給老師，推動他們符合家長期望及提升動力。之後乾脆把所有課程（除功課輔導班及暑期班外）一對二化，同一收費，把升中面試、會話、日文、奧數、寫作等等，只要老師會的，全部可在課程內教導。當全面一對二化後，其他競爭者開始跟不上節奏，不能完全模仿，因為他們不想放棄原有一大堆課程。此時，我補習社早已放棄了所有的多人專科班（暑期班除外），全面以一對二私補取代。

第三步，由於已形成相當規模，其後補習社再以提高選擇性來減低流失率。世事總不會一帆風順，無論老師再用心也好，學生成績總有機會下跌。可能學生與老師慢慢變熟絡，反而動力下降。此時，學生可能需要的是新衝擊。我不斷引入有潛力及負責任的現職大學生成為一對二私補老師，令每一家分校有多達十名老師可供學生及家長選擇，讓家長有機會可以隨時體驗不同的老師，讓一名老師的學生「流失」去其他老師手中，來降低補習社的整體流失率。

人腦海內經常產生不同的想法，但當想法偏離其他人心目中的行為模式後，首先反對的就是身邊的人。舉一個例子，當你突然有一個創業的想法，首先反對的很可能就是你身邊的妻子、丈夫，兄弟姊妹、父母及好友等等。因為當你有任何差池或失敗的時候，直接影響到的就是他們的安穩。當然，他們也可能是出於一番好意，並不希望你承受損失，因為在普通人心目中，保持安穩才是最重要的，你的安穩就代表是他們安穩的一部分，所以他們想你保持安穩，就是他們內心第一的想法。

除此之外，他們提及的風險因素反而是你必須要注意的考量，不能不聽，絕對要留意，勿讓自己一廂情願的想法令自己對客觀事實的看法變得狹隘。別人說話也可以打破自己的慣性思維，要令自己對每一件事都有獨立的思考，勿過分樂觀而忽視風險，很多時候獨立思考完畢，最終自己還是會放棄自己創業的想法，這樣子也沒有問題，因為你已經經歷了一次思考的過程，當凡事都以這種行為模式去做，習慣成自然，慢慢就會更了解事情的變遷，更會推測事情發展的方向，自己的觸角亦會變得更為敏銳。

人生就是不停的選擇

在我人生每一次作出一些較為重大的決定時，包括買樓、賣樓、轉換工作、再買樓，每次創業等等，幾乎都會收到來自身邊的人不同反對的聲音。首先要令自己處於開放的態度，勿為堅持己見而駁斥他人，要虛心聆聽他們的意見，然後自己再思考，發覺自己還是對的，就決定去行事。

舉一個例子，假如你現在想創立一間補習社，很大機會首先會收到來自你身邊的另一半的反對。其他身邊的朋友可能不會直接反對，他們可能覺得你只是說說罷了，根本不會認真看待。但他們每一個人的意見也十分寶貴（其實可能十個人有八個人的意見都是無用，但永遠不能排除有用的意見），你可以思考他們提出的風險因素，自己心中有沒有辦法把這些風險一一化解，有沒有 Plan B，有沒有更為理想的處理辦法等等，所以聆聽反對意見也十分重要，但是我相信95％的人都會在身邊一片反對聲中，最終放棄了自己的想法。

尼采——精神三變

駱駝　➡　獅子　➡　孩子

我經常謹記尼采精神三變

- 駱駝代表的是背負傳統道德的束縛，需別人教你怎樣做

- 獅子代表勇於破壞傳統規範的精神，掌握主導權

- 孩子則是代表破壞後創造新價值的力量，就像小孩一樣返璞歸真，做回自己，不受傳統約束，且有極大自主權及開心快樂

性行為

等同性行為，傳統的思維就是性行為是不潔的，是淫蕩的，在日常與人交談時，需要忌諱的。但若如沒有性行為的話，人類就會在一百年內滅亡，性行為不是應值得推崇才對嗎？反而西方思維，對性的看法就平衡得多，不怕把性掛在嘴邊。

這就是傳統思維給予我們現在行為模式極大的束縛。很多父母只會反對子女發生性行為，很少會說贊成的，但根據香港法例，十六歲就可以發生性行為及結婚了，連法律都允許的事，有什麼難以宣之於口呢？

思考對方下一步行動

想成功創立一間補習社或成功創立一門生意，你必須要好像下圍棋或象棋般，不能只根據別人怎麼走上一步，然後你才去想下一步的對策，而是要把對方每一步的可能性也思量及計算在內。如果你的行為模式，還停留於對方怎樣走（即事情發生後），你才去思考下一步怎麼辦，我勸你，在改變思考模式前，真的不適合創業，真的未到達能成功營運一間補習社的水平。要先改變及提升你的思維模式，當敵方還未走下一步的時候（事情未發生前），你已把他未來六至七步的下棋可能性也考慮進來（所有大機率發生的不同情況），如果你對待萬事都以這種思考及行為模式的話，你才有成功的可能性。

批判性思考

　　除了要打破慣性思維外，更要加入批判性思考。在這幾年中，香港的教育改革幅度極大，過往尊崇的學生批判性思考漸漸消亡。前香港特首董健華引入通識科是對的，但現在書本上的知識越來越多既定答案，正在走回頭路，教育內容更加傾向要配合國家方向，對事件本質減少客觀的評定。在此我不方便透露太多，想留白讓讀者自己去思考及觀察。其中一個例子令我印象深刻，小學的常識科內，有一些題目講太空科技，在書本講述太空科技的時候，完全不提及外國最尖端的太空科技，包括可循環火箭，美國的火星探測車計劃等等，而大量加入中國元素（遠遠比 SpaceX 落後），以中國的太空科技作為書本的主要內容，而不是以世界的總體太空科技為主，我對書本的內容編定感到詫異，作為一名補習老師，你還可以向學生講述這個世界真正的太空科技已達到何種階段，但如果離開了補習社，進入傳統學校，就真的只能依書直說了。

同業分享

第一篇〈日常的補習〉 梁倩怡

從十八歲開始，一邊讀書一邊兼職補習，直至完成幼兒教育專業課程。其後有兩年擔任全職幼稚園老師的經驗，再轉為全職補習導師，之後亦感激蔡 Sir 的信任和賞識，讓我擔任分校主管一職，直到現在已累積了七年的教學經驗，當中的經歷和體會也令我成長了不少，期望前路繼續勿忘初衷，堅持那份教學熱誠和投入，以言教和身教影響生命。以下會分享一些有關補習秩序、學生管理和家長溝通方面等的小小意見。

補習秩序方面

影響補習課堂秩序的原因和常見情況

學生補習不認真的原因有很多，但若果已經影響到其他學生的學習，老師必須立即處理。以下有幾種常見影響秩序的情況：

1. 學生想挑戰權威，故意頂撞老師，測試老師的底線
2. 為吸引老師和同學的注意，喜歡在課堂上說話
3. 課堂規矩尚未建立
4. 老師因素，長期採用傳統單向教授方式，未能吸引學生專注
5. 有特殊需要的學生

改善課堂秩序的策略

① 跟學生制定補習規矩

與學生事先制定課堂規矩是一個很重要的儀式，讓學生明白課堂上如果吵吵鬧鬧，必定會影響大家的學習。

② 辨別學生的反抗類型，作出輔導

當師生產生衝突，最常情形是學生喜歡跟老師唱反調，這樣的對抗，通常都是發生在某幾位學生身上，先要辨別出不同的對立反抗類型，才能對症下藥。

學生管理方面

① 懂得有效跟學生溝通

良好溝通有助了解學生需要，溝通技巧上除了了解學生的學習需要，也要知道學生的興趣、性格、心情、習慣等。透過溝通了解學生多一點，也會提升教學效率。例如學生本來自律，課堂上就可以減少做練習題目，集中教授新知識。相反學生本來有欠自律，就需要選用強硬的態度去安排功課、默書。

② 即時處理

如有學生造成滋擾，立即與其他學生隔離，帶離課室，勸告學生冷靜守秩序，當有改善才可返回課室。

家長溝通方面

1 定期了解及跟進

　　於補習課堂前，先詢問家長想加強學生哪一個科目或者課題，了解學生的需要和困難，並且於課堂後，也要作出跟進措施，聽取家長的意見，儘量配合並調整自己的教學策略，有效改善課堂質素，才能提升家長對老師的信任。

第二篇〈了解學生心態〉　　　　　　　　　　黃啟蒙

輸入教育業

我在大學畢業後，前往日本 IT 公司就業，一年半後回港從事外貿行業。因為我的名字有啟蒙兩個字，一直以來經常被朋友們笑稱「啟蒙老師」，現在人如其名，在一位前輩的建議下邁入了教育行業。

起初入行時，要感謝蔡 Sir 提供這個機會，讓我擔任補習社助教一職。在補習這一方面，蔡 Sir 算是我的啟蒙老師，擔任助教期間，承蒙蔡 Sir 對我的指導和栽培，使我學到很多寶貴的經驗，後來才得以順利轉為全職導師。

入行以來，我遇到了很多聰明、好學、可愛的學生們，以及互相信任的家長，下面想和大家分享一下我入行至今的一些心得和體會。

給予耐心因材施教

香港教育節奏和香港人們的生活一樣，講求一個「快」字。有很多家長和我說，學校的教學節奏實在太快，子女往往上一個知識還沒掌握，學校就已經跳到下一個教學內容，沒過幾天就開始評估和考試了。

面對這種港式「填鴨式」教育，學生跟不上進度就只有來補習。作為能幫助到學生學業的補習導師，必須耐心去與家長溝通，了解每名學生有哪些知識沒有掌握透，然後針對教學，並就每名學生的能力因材施教，幫助學生克服每個困難。

比如針對程度較弱的學生，我會主要和學生攻克生字和生詞，打好基礎，以及教一些考試拿分小技巧；對一些程度較高的學生，通常家長會要求在考試前給學生做大量模擬試卷，這時我會在學生模擬測試完後，隔一個星期讓學生再做一次錯題，力求學生掌握弱點。有些非常認真、有耐心的學生，還會在我的建議下整理出一本錯題簿，將模擬考試的錯題抄到錯題簿上，方便試前溫習。攻克弱項後，學生自然而然能取得進步，家長看到自己子女的成績進步了，就會放心將子女交給我們教導。

「因材施教」這四個字說來簡單，要做到其實並不容易。與學校的課室教育不同，我們功課班、專科班的學生來自不同學校、不同年級，使用的教材、課程進度、學生們的弱點科目、水準也不盡相同。他們需求的是與家長良好的溝通，以及針對不同知識點、針對不同水準學生的輔導，因此補習導師也必須熟知不同科目的各個知識點，並為這些不同的學生準備不同教材和補充練習，最好還教學方法多樣，以靈活處理水平各異的學生。因此，做一個行業頂尖、優秀的全科補習導師是非常具有挑戰性的。

給予鼓勵避免學生害怕考試

對於很多學生來說，「成績」似乎就是一切，我有時亦陷入如此循環。每次學生考試完向我匯報成績時，我就像領取自己這一年的成績表一樣，有的學生經過我的輔導，成績明顯進步了，會領取成績後特地來補習社和我分享喜悅，我聽到這個消息自然倍感欣慰和歡喜；有的學生沒有明顯進步，也不能放棄。

面對考試失利的學生，我會告訴學生「勝敗乃兵家常事」，不要灰心。最重要的是要明白自己的失誤，還有哪些題型沒有掌握好，再吸取教訓，找其它方法積極攻克弱點。要告訴學生，不要害怕失

敗，考試就像下棋一樣，不會只有一次，失敗了我們就做好準備，下局再戰。這番鼓勵的話語，是對學生講，也是對自己講。

香港學生課業多、壓力大，有些學生會和我傾訴，每次到考試都失眠睡不着，甚至會因考試沒有達到自己的理想成績，而崩潰大哭。我每次聽到這都很心痛，這些學生在本該有個美好童年的年紀就開始承受學業壓力。因此每次學生考試完，我都會分析他們的答卷，誇獎他們哪些題型比上次進步了，以提高學生的信心，避免令他們對考試和學業產生恐懼。

主動了解學生的愛好，引起學生對學習的興趣

我相信，學生只要喜歡一個老師，就會更用心投入到補習。有些學生每天面對家長的逼迫、學校老師的大量課業，壓力已經夠大，放學怎會想面對惡口惡面的補習導師呢？所以我和他們像朋友一樣相處，瞭解他們的興趣愛好，有了共同語言後，學生就會信任你，這時再去教導，就會事半功倍。比如在教學上，學生遇到理解困難的題目時，我會用他們感興趣的事物舉例講解，引起學生的興趣，再舉一反三，易於學生理解和記憶。

大多數來到補習社補習的學生並非不聰明，只是對學習不感興趣。學生們經常問我：「Miss，學習到底有什麼用呢？就像我現在學習這麼複雜的數學，以後根本用不到。」我會告訴他們：「學習知識從來不是無用功，只是你們現在接觸到的人和事太少，暫時用不到這麼多的知識。這世上有很多種職業，如果想做一名建築師，那你現在學的數學、繪畫、物理都是成為一名建築師的基本要求；如果想做醫生、護士，那英文和常識課都必須打好基礎；如果想做一名作家，那現在就開始閱讀多一些書籍，提升文學知識；就算是做偶像明星，出席活動時也要言辭得體，面對記者不能口啞啞吧？」

大家不防由現在開始了解這個世界，想想自己將來想成為什麼樣的人，然後朝着這個方向努力。

亦師亦友

當然，在朋友之上，我們是導師。在從事教育業之前，我一直認為無論是學校老師，還是補習導師，教學都是一件非常有意義的事情。為人「師」是責任重大，且意義非凡的。我現在亦是如此想的，我們接觸到的學生都還未有自己的價值觀，所以我們的每一句話都可能會影響到學生的一生。

補習導師和學校老師一樣，不只是知識的傳授者，同時還是人生經驗的傳播者。不論是學業還是為人處事，學生做錯的地方，引導學生回歸正途是從「師」者的責任。入教育業以來，我的目標一直是做到「亦師亦友」，將來也會不忘初心，做一位用心為學生付出的導師。

第三篇〈我的補習社創業經驗〉陳展鵬（創造力教育中心校長）

在此非常感謝蔡先生邀請為其出書的〈同業分享〉中寫幾句自己創業時的分享。

記得十三年前，大女兒出世，雖然努力工作，但打工的薪水根本不足以應付供樓和養活家人，於是，我辭掉工作，追求自己的夢想——擁有自己的教育事業。我們在荃灣區某住宅的平台租了一個商舖經營補習社。當時租金是我太太薪水的一半。家中開支和舖頭租金全靠太太一人的薪水支撐，所以，我沒有任何退路，必須破釜沉舟。

記得當時，我們用最便宜的方式，印了張粗糙的貼紙，就地取材，貼在上一手租客的燈箱上，就有了我們的第一個招牌。

開業後第一個月，由於舖位位置偏僻，我們的課程完全無人問津。日子一天天過去，雖然沒有收入，但租還是要交。如果繼續守株待兔，只有死路一條。

於是，我厚着面皮，守在校門、公園派傳單，介紹補習社的課程。無論保安驅趕我多少次，我總會轉頭再回來，和他打游擊戰。有的家長拒收傳單，有的看一眼，便扔進垃圾桶。記得一天小學校際足球賽，我站在烈日下守住球場門口派了幾小時，後來在門口旁看到垃圾桶裡，擠滿了一大疊我剛派的傳單。儘管如此，我總是提醒自己：如果只有 1% 的家長覺得孩子有補習需求，我派 100 份，總會有一個可以成為我的客戶；如果我不斷派，派到 1000 份，我們便有 10 個學生了。於是，我抹掉臉上的汗水，繼續派下去，每天堅持派下去……

　　終於，我在附近公園成功說服和收到了第一位客人——一位正要報讀區內最大型補習社的小一學生，她後來在我們的訓練下，在期考取得了全級第一的佳績。接着，我收到了第二、三位學員，他們是兩姐弟，他們的媽媽正是在公園的椅子上撿到我派的傳單而聯絡我的——那份傳單，正是另一個人之前拿來放在椅子上墊屁股用的。

　　漸漸，我收到了越來越多來自其他大型補習社「搞唔掂」的學員，有的有學習障礙，有的知識基礎非常薄弱。我絞盡腦汁，設計一些有趣且有效的教學方法，幫助他們學有所成。因為我非常清楚，如果我可以做到其他補習社做不到的事情，創造出他們創造不了的奇蹟，我就有戰勝他們的競爭力。

　　十三年後，我們終於在該區做出了少許成績，起碼可以用自己的生意來養家活兒了。希望本人的創業故事對讀者有些微啟發。

　　蔡先生的創業之路比我要遲數年，但他現時補習社的規模卻比我大上數倍。蔡先生寫的這本書，是市面上非常罕見，如此鉅細無遺地講述補習社創業過程的教科書，其通俗清晰的表達，無私地把自己寶貴的經驗手把手授予讀者。蔡先生的經營經驗必會對有心創業的教育工作者大有裨益，眼界大開，在創業路上少走彎路。

創造力教育中心

第十八篇

總結：創業是自我修行

圓

人生就像每天在走同一個圓一樣，你想作出改變，走出這個圓嗎？

當你把這本書看到這一篇的時候，如果我說的思維模式你已經達到，甚至比我更超前時。遺憾地，你可能已經成為一個孤獨的人（只有身邊少數思維模式與你相似的人，才覺得交流得舒暢）。當身邊的人還在思考事情發生時怎樣去打算下一步，你的思維模式已經把事情大機率發生的可能性包括在內（雖然永遠沒有 100％準確）。話雖如此，我十分享受這樣的寧靜，如果你遇到一名志同道合的人，亦恭喜你，這名或這些志同道合的人必定能和你產生共鳴，這份友誼或感情會更為牢固。因為物以類聚，人以群分，人總是想找一些和自己相近的人。

這本書雖然名為《經營補習社思維課》，但在很多篇章中也穿插了不少看似無關經營補習社的事情，包括我對育兒、營商、營銷、待客之道、人生、老子等不同元素在內，這本書實質糅合了我大半生的經歷及經驗累積而成，還融合了我的價值觀及人生觀在內。我把所有經營補習社的智慧就這樣寫出來，難道不怕別人模仿嗎？這個問題是無用的，試想想，我長大這十多二十年間，有一個球員叫朗拿甸奴（Ronaldinho），及後有一個叫美斯（Messi），不單止是他們的隊友，所有現場觀眾，電視前的你，對所有這兩位球員的動作，也不知看了多少遍了，這樣看的人就會和他們一樣嗎？答案是否定的，我並不是以自己與他們作比較。每個人的經歷、行為模式及思想模式最終皆不會一樣，只能提供方向，即使你看完這本書，完全同意及明白我的想法，但你自己實行出來，也會與我實行的方法有很大的差異。因為每個人經驗及理解都不一樣，所以我不怕把我所有的經驗分享出來，但求找到知音者，不怕競爭者。

學歷史

《唐書·魏徵傳》有這樣的一句話：「以銅為鏡，可以正衣冠；以史為鏡，可以知興替；以人為鏡，可以明得失。」

偶爾就會收到一些中學生問我，讀歷史有什麼用？我雖然清楚他們並不會馬上體會到，但我都會跟他們說，在以後工作或營商的人生中，有很多事情也可以以歷史作為借鏡，看不到關聯，是因為對歷史不夠熟悉，人的性格也是如此，天理在不斷循環中，學歷史，就等同可以學懂人類的行為模式。當你遇到不同情況時，往往可能已經有相近的歷史事件可以作為借鏡及參考之用。

孫子兵法

《孫子兵法》亦有這樣的一句話：「夫未戰而廟算勝者，得算多也；未戰而廟算不勝者，得算少也。」

你在打算開一間補習社的時候，就必須要細心冷靜地分析自己的得勝機會，思考範圍包括自己的能力如何，競爭對手如何，潛在客源如何等等，如果你在盤算的過程中已經覺得勝算不大，千萬不要實行；即使你認為充滿機會，一定要提醒自己這個並不是一廂情願的看法，要反覆思考自己這個想法有沒有什麼漏洞及問題，切勿盲目樂觀或過分悲觀。

《孫子兵法》謀攻篇，還有另一句說話：「知彼知己者，百戰不殆；不知彼而知己，一勝一負，不知彼，不知己，每戰必殆。」

我每每陷入困難時都會翻起在譚木匠購買的木簡孫子兵法，從而思考解決辦法。

其實還有其他兵書，但最常翻起的就是孫子兵法。（紙本我都翻爛了兩本書了）

我在為補習社分校選址的時候，我必定會考慮開業後自身主管的能力水平，以及旁邊競爭補習社的長處及短處，做事切忌麻木自大。到今時今日，還是有一些競爭對手，會令我避開的，因為他們競爭能力實在強，所以會對分校選址產生很大的影響。反之，有某一些競爭對手，我是樂意見到他們在旁邊，因為我知道他們的優劣在哪，有機會為己方提供潛在的學生。

我在經營補習社之前經歷過多次生意失敗，千萬別把失敗看作是一種非常負面的經歷。每一次失敗都可以令自己累積經驗，反思自己的過失，萬事萬物總有原因在背後的（For everything, there is a reason behind），只要你確切了解自己失誤的地方，在你以後的人生中就會盡力去避免，正如我在十九歲的時候遺失過一次銀包，我以後就會將銀包小心翼翼地保管，不會再遺失了。

永遠仍有學習空間

「知不知，上矣。不知知，病也。」老子說，知道自己仍有不知的地方，是好事；不知道自己還有需知道及學習的地方，便是壞事。世上真的沒有學完那一天，如果你相信新時代（New Age），每一世來到人間，都有需學習的課題及需經歷之事，但結果卻是未定的，由你去選擇及走出來。故意做善事為了善報的人，不是真善人，較像是投資者。真正的善事，是不求回報，不求名聲，由心而發的。況且世事並沒有絕對，你拒絕借錢給一個欠債的人，可能可幫他戒除賭癮；你辭退一名無能的員工，可能助他以後認真工作；你拒絕一名親人的求助，可能可助他堅強獨立。反之，你不斷施予一名貪心的人，令他的貪心得逞，你是做了好事還是壞事呢？

而且，商業營運上，永遠有改善及改進的空間，「道」就像水一樣，不斷順應地勢的改變而前行，從來不會有一成不變的方向，亦沒有永遠直線前進的道路，你認為已經沒有改善的空間，絕對是你錯了。

待客之道，強大處下，柔弱處上

補習社的學生是教育對象，而家長同時間是客人，所以我會把握每次與家長溝通的機會，主動詢問有沒有需改善或跟進的地方。不要怕客人反映意見，亦不要怕投訴，要珍惜每個反映的機會，因為正給予你改善及提升的機會，如果不給予投訴反映的機會，最終只會令客人用腳投票，直接消失。此一點是相當難做到的，即使短時間做到，做生意漸有起色時，掌舵人亦有機會不知不覺間漸漸背道而馳，所以我也是一直在內心提醒自己，強大處下，柔弱處上。

商業生存之道，大成若缺，大巧若拙

定位及產品是否針對剛性需求（即無論什麼情況，市場上對這產品需求基本上一直存在），很能反映到補習社及企業的存續能力。越特別的產品（珠心算、拼音、英語會話、奧數）等，如果作為補習社主業，就越會令己方處於被動的局面，因為學生及家長的需求對這類課程非常彈性，有就錦上添花，沒有亦無不可，除非做到非常出色，令學生及家長在其他地方不易找到替代品（但亦不代表一定成功）。所以生存能力最強的企業（或補習社）必須看似平平無奇，實則照顧到各學生及家長的需求，能做到大成若缺。

我的創業旅程

魯營（足球精品店）

我在早期還未大學畢業的時候和大學的同學合資，於九龍灣淘大商場開了一間足球精品店，半年租約期滿便關門大吉了。主要失敗原因是成本失控，工資佔據了絕大部分的營業收入，而且入貨價格並不便宜。所以在及後經營補習社的時候，成本是一個非常重要的考量，別小看兼職員工，他們是現職大專生及大學生，雖然良莠不齊，但總能從芸芸大學生中找出與自己補習社經驗理念吻合，有知識及負責任，值得信賴的員工。他們的知識水平甚至比部分全職員工更佳，他們欠缺的是經驗，對管理學生秩序方面較為無力，但兼職員工可以和全職員工互相配合，使用兼職員工可以再將補習社的經營成本收縮。我再次將足球精品店經營失敗的原因牢記心中，在以後經營補習社的時候再提醒自己，避免重蹈覆轍。

My Girl（服裝店）

我在二十二、二十三歲的時候，又與朋友合資在深圳的東門西華宮商場創辦了一家服裝店，結果不足半年，便連連虧本，返本無望，轉讓離場。歸根究底，我對於銷售額發生根本性的錯估，當年的顧客議價能力太強，表面可賣一百元的東西，他們可能還價二十元，最終以三十元賣出，對貨品的毛利大幅度壓縮，而且當年並未能找到一些特別及受歡迎的貨品，沒有足夠的產品差異性，變相更難推動銷售（結業後，我妹才告訴我，她的同學父母在廣東開服裝工廠）。從這次失敗經歷當中，我學會了產品差異性。後來我在創辦補習社的時候推行一對二私補，明白真正評估銷售額要把議價及優惠包含在內的計算。補習學費基本上是明碼實價，不能議價的，

只不過對於聖誕、新年、復活長假期，如果學生請假，一般學費會按比例計算，都是幾天之內，其實對學費總額根本影響不大。我對於補習社總校方面，沒有任何的折扣優惠，通常其他分校才有二人同行及推薦人優惠等等。經此一役，我學到了估算及推敲事情最可能發生的方向的重要性，以後在補習社之中實踐出來，中間再經歷過十多年的客戶服務及銷售經理的經驗，疊加在一起，以時間去沉澱。

在電子公司工作

後來我在打工初期的時候曾經在一間電子公司工作過了一年半，這間在香港的電子公司，在中國內地有一個非常大的廠房。初時經營小靈通（無線市內通話，已被淘汰的一種無線傳輸模式），經營得十分理想，但這一間公司有一個致命傷，中國內地的廠房內充滿了皇親國戚，大部分高管都與老闆有親朋戚友的關係。在工作了一年半之後我辭職換工作，但我仍然和這間公司的舊同事有聯絡，及後知道這家公司的業務大幅收縮，連辦公室也搬去租金比較便宜的地方。再轉型經營手機業務之後，成績相當不理想（成本高、效能低、外觀不討好），廠房的員工也大規模裁掉。歸根究底，就是這家公司太僵化了，親戚眾多，經營效率低下，難以壓縮成本，無力扭轉敗局。這次的經驗教導了我，在以後營商的時候一定要儘量避免引入親朋戚友，即使引入朋友，亦要小心處理關係，要做到公平公正的效果。因為親朋戚友往往就是提升公司效率的阻力，其他員工不理想，你辭退就可以了，親朋戚友工作不理想，就會難以處理，因背後有更加多要考量的因素。而且親朋戚友亦有機會倚老賣老，阻礙商業（補習社）向前的步伐，所以我在員工篇也解釋過，盡可能公開招聘員工，千萬別把重要的角色，馬上給予你身邊的親朋戚友。

在大型電訊公司工作

離開了電子公司之後，我在香港一間大型電訊商工作了接近十年。在此期間，我很快成為一名管理層，在過往經歷中，當然遇到很多很好的上司，令我有最深刻體會的，就是討厭我的人，在競爭過程中令我獲得良好的學習機會。我曾經在本書中提及，「數字是不會騙人的」，「大話怕計算」，成為我後來及現在管理哲學的一部分。

另外，書中已提及下象棋及圍棋的理論，以及反思對手任何回應的可能性等知識，也是從那時候經驗中累積得來的。當年為了回應競爭對手，消滅潛在威脅，降低人心難測風險等等，但今日我很感謝所有曾經討厭及壓迫過我的人，沒有他們，我不能迅速成長。因此，他們給我上了人生很寶貴的一課，教會了我很多以後賴以求生的必要技能：

1　若要帶領人，自己必須要最在行，下屬才心服口服。

2　若要成功，必須超出對方期望。若能估計到更高管理層的思維及方向，及早準備，必能在同職間脫穎而出，現在要估計家長的要求及內心潛在想法，以超越家長的期望完成為佳。

3　在此期間，累積了寶貴的客戶服務經驗。身為經理，處理客戶投訴是家常便飯，亦因此深明待客之道以及管理經驗，明白了對待同事一視同仁及公平公正的重要性。當時我以其他管理不佳的經理為借鏡，那些管理層就是愛搞小圈子，導致不得人心。我畢生警惕自己切勿犯下相同錯誤，種種經驗成為以後創辦補習社的必要條件之一。

創辦補習社（智仁卓越教育中心）

後來創辦補習社，很多謝蘇先生及蘇太帶我入行，他們把三十年成功的經驗傾囊相授。但正如踢足球那個道理一樣，每個人領略及看法也不一樣，在吸收到他們成功的經驗之餘，亦加入自己的思維及想法，最終經歷過不斷的改變及嘗試以後，成為了今天的補習社。

漢高祖劉邦

關於成功，我還想說一個歷史經典人物，便是漢高祖劉邦。有些人經常為自己創業設下重重的藉口，有家室、要供樓、身為家庭支柱、開支大等等，一切藉口只不過令自己永遠留在安全區（Comfort Zone）中，在為自己未能實現理想，未能將理想轉化為行動，作出解釋及安慰（雖然首次創業有高達90%失敗的機會，但正如前所述，必須經驗過失敗，才會學懂更多）。漢高祖劉邦是第一位平民皇帝，年輕時候他好食懶做，混到了一個亭長的職位（類似現在的保安隊隊長），在早婚的年代，他三十八歲才娶呂雉為妻，四十七歲被迫起兵反秦，七年後一統天下。晚年路過故鄉的時候和故鄉老朋友敘舊，寫下著名的大風歌：「大風起兮云飛揚，威加海內兮歸故鄉，安得猛士兮守四方。」

後來患病，再加上箭傷，劉邦不願意治療，六十一歲駕崩。

是故，永遠沒有太遲，嘗試過也是一種成就。

為人之道，天道無親，常與善人

世界上有人少年得志，亦有人潛伏半生，只為了等待一個機會，盡自己最大的努力，換來一番事業。

在老子思想中，上天沒有親疏之別，亦沒有報應概念。我對「天道無親，常與善人」的解讀是，上天沒有偏愛，是自然規律在回應「善人」的行為，善人不是指友善，而是指做了正確的事的人。同一件事，以學習的心態，上天能「給予」你的，自然更多。

我有點看不起某些人往往說小時候錯失了什麼樣的機會，以前打算怎樣，結果沒有做到，人生中不斷在向別人訴說「假如……今天就大事可成了」。我向自己身邊的人說過，我不希望自己的人生是這樣，我希望將來能告訴自己子女及我的後代，任何我曾經想到而又認為可行的嘗試，我都已經盡了全力去嘗試了，至於最終成功與否，只是謀事在人，成事在天。我問心無愧。

要選擇無法以科技取代的行業

現今科技發展迅速，科技正慢慢地改變我們身邊一切的行業及事物，無人駕駛汽車出現，餐廳內的送餐機械人，ChatGPT 等新一代 AI 人工智能，收銀員被自助點餐機取代，股票交易員被證券 App 取代等。唯有提供一種無法以科技取代的服務（科技只能作為輔助），才能長久地生存。補習正正就是難以被科技取代的一種服務。疫情數年期間，ZOOM 等網上視像教育導致普遍學生學習產生嚴重問題，部分學生完全跟不上進度，變成空白的一年，可見科技對於學習只能是一種輔助形式，面授課程根本難以被取代。

天下難事必作於易，天下大事必作於細

困難的事由簡單的部分做起，北宋統一全國也是採取先南後北，先易後難的策略。想成就一番事業，必須由自己基本功做起，我到今年仍有感自己對於高中數學未夠熟練，正不斷地溫習。要從自己處事方式、思維等細微處開始着手改變。可惜世事卻總是「方法很簡單，持之以恆很難，放棄很容易」。

在自己最終核對本書時，在網絡上看到著名 YouTuber 老高的影片，其中說到能否努力亦可能是天生基因裏已決定了（在我角度，努力和執行力有絕對關係）。後天提升執行力真的有那麼難嗎？說到做到，按時完成，其實身邊遇到很多人真的是難以做到。但如果你能做到，已經比很多人優勝了。當你以為已經到了極限，無計可施的時候，嘗試冷靜地觀察四周及思考一下，其實還有極大的進步空間。

命運掌握在自己手中，有信心，就可改變命運

每當我功敗垂成的時候，我會拿起自己雙手，見到自己雙手雙腳還在，頭腦依然清醒。心裏就知道：I have everything that I need. 所有成功不可或缺的要素已經齊備，只要我的腦袋依然清醒，就可以馬上思考下一步行動，找出解決辦法，就足夠了。有信心，就可以改變命運。

別讓藉口拖垮你

有家庭、要供樓、沒有遇到好的機遇、欠缺資金、小時候沒好好學習等等，一切都是藉口。過去的，你不能改變，但你可以決定這一刻開始改變自己，改變自己的心態，戒掉拖延症。

當日我剛開始營運補習社時，自己只負責任教初小（小學二年級和三年級），其他年級聘請老師任教，其後隨着學生不斷長大，加上自己不服輸的性格，一有時間就自修課本內容。久而久之，今年我最高任教中五學生，但我仍然深感自己有很多不足之處，故今年自修 DSE 數學課程。所以，「不懂」只是藉口，願意不斷學習，沒有什麼是不可能的，以下再介紹一個自我提升能力的方法。

能力提升計劃

有很多人在離開學校之後，就改以一種低速在進步及學習。十年前，十年後，能力變化不大。想令自己不再是「吳下阿蒙」，必需要把學習養成習慣，並持之以恆地實現。舉一個簡單例子，很多人的夢想，便是達至財務自由。想達至財務自由，不是空口說白話。很多人不能達到，是因為沒有完善計劃過，或計劃後卻沒有嚴格執行。所以想達至目標，必需要周詳計劃，明確訂下時限、短期目標，要有執行方法，如遇困難，立即修訂執行步驟。例子及詳情如下：

假設某君想達至財務自由

長期目標：以投資累積資本，並於四十歲前達致財務自由（約500萬流動資產，並每年產生8%至10%現金流，即約50萬）

途　徑　一：學習投資知識

途　徑　二：每月量入為出，把35%總收入撥作投資

計劃內容：① 先學習閱讀財務報表

② 透過閱讀不同投資及理財書籍加強投資知識（每天最少十五分鐘）

③ 逢交易日收看財經節目（每天一小時）

短期目標：於二十八歲時累積150萬，並繼續投資高息資產（每年產生8%至10%現金作為被動收入）

規　　則：① 每月將收入及支出記賬，以確保計劃跟上進度

② 不要抱一注獨贏心態，要把投資分散至各行業，單一投資不能佔總投資10%以上

③ 嚴守止蝕

訂立計劃後，只有透過堅定不移執行（有需要可修改），就會發現自己數個月後、一年後，自己的知識已大幅提升。亦可於人生不同階段訂立不同學習計劃，當別人還在原地踏步時，你已令人「士別三日，刮目相看」。當然，世事往往未必盡如人意，目標亦未必一定能按時達到，但即使目標經過再三修訂，你在過程中已學到了新技能，已獲益良多。

當你掌握新技能後，可同時訂立其他學習計劃，並減少原計劃學習時間，以掌握更多技能。只要每天花一點時間學習，並持之以恆，你的知識和能力就會不斷提升。

尾聲

全書進入尾聲了，首先想送給讀者們一件小禮物。

小禮物

每人總會遇到困惑，無論是商業營運上、人生抉擇、就職前景、人際關係等等。每當遇到困惑，感到迷惘及不知如何是好時，可嘗試以下三個步驟以解決目前窘境，只要你相信，塵世間任何事情也有解決辦法：

第一步，冥想（放空一切），如沒有冥想經驗者，可嘗試簡單閉上雙眼，坐着或躺下亦可，先去除心中所有雜念，然後想像一道氣在身體上遊走，所到之處為你帶來溫暖，不斷循環。

留意有沒有靈光一閃，出現解決辦法？有或沒有都繼續參考第二步。

第二步，如有靈光一閃，打開雙眼，在紙上寫下處理辦法，然後思考該處理辦法所帶來不同的可能後果，以及面對這後果的後續解決辦法。

如在冥想過程中沒有靈光一閃，適當的時候打開雙眼，此時心境已達平靜狀態。在安靜的環境中，「感受」自己潛意識中最真實

的想法，並深信一定有更高智慧可為你解答此問題（可以是神、祖先、高我、逝去的親人、守護靈、靈魂、潛意識等），只要你相信，就可感受到，並摒棄恐懼情緒，以最真實的「直覺」作決定。

直至出現最少一個或更多個解決辦法。

第三步，此時回歸理性，以決斷及勇氣面對剛才選擇的「得」與「失」。每一個抉擇都包含了「失」，亦即令人最猶豫及容易把問題一直拖延的地方。並對種種可能發生的情況，都預先設想好不同的解決辦法。（對大機會發生的情況應作出更詳細的準備）

最後以強大的執行力去實行自己所作的決定，因早已作出心理及實質應對準備，如無不可遇見的情況，貫徹執行到底。信自己，信心越強，行動力就會越強。

如果你暫時未有相關的補習經驗，你可能還未有深刻的體會，所以我全書儘量簡約，亦給所有讀者再次重新閱讀的機會，大家可以把書中重點的地方用熒光筆畫起來，經過人生經驗的累積，多年後你重新拿起這本書再閱讀一遍的時候，感覺及體會皆會有所不同。希望各位讀者取得成功，而我亦要繼續我的人生道路，繼續為我的補習社作出新的嘗試，希望在我獲得另外一些體會及經驗之後，未來有緣與各位讀者再次在書中見面。

九層之臺，起於累土，千里之行，始於足下。

經營補習社思維課

從**創業**到**守業**，**18**篇掌握經營補習社法則

作　　者：蔡活麟

編　　輯：林　靜

封面設計：Spacey Ho

內文設計：藍天圖書設計組

出　　版：　　紅出版（藍天圖書）

　　　　　　　地址：香港灣仔道 133 號卓凌中心 11 樓

　　　　　　　出版計劃查詢電話：(852) 2540 7517

　　　　　　　電郵：editor@red-publish.com

　　　　　　　網址：http://www.red-publish.com

香港總經銷：　聯合新零售 (香港) 有限公司

出版日期：2024 年 7 月

圖書分類：創業 / 市場營銷 / 管理

ＩＳＢＮ：978-988-8868-60-5

定　　價：港幣 158 元正